[新西兰] 科罗利·帕克（Coraleigh Parker）◎著

邹晓璇◎译

Hanging **Kokedama**
Creating Potless Plants
for the Home

空 中 花 园

适合家居的挂式苔玉

长江出版传媒 湖北科学技术出版社

空中花园：适合家居的挂式苔玉
KONGZHONG HUAYUAN: SHIHE JIAJU DE GUASHI TAIYU

责任编辑：魏　珩
封面设计：胡　博
督　　印：朱　萍

出版发行：湖北科学技术出版社
地　　址：武汉市雄楚大街 268 号出版文化城 B 座 13—14 楼
邮　　编：430070
电　　话：027-87679468
网　　址：www.hbstp.com.cn
印　　刷：中华商务联合印刷（广东）有限公司
邮　　编：518111
开　　本：720×960　1/16　9 印张
版　　次：2020 年 8 月第 1 版
印　　次：2020 年 8 月第 1 次印刷
字　　数：159 千字
定　　价：52.00 元

图书在版编目（CIP）数据

空中花园：适合家居的挂式苔玉 /（新西兰）科罗
利·帕克（Coraleigh Parker）著；邹晓璇译 . — 武汉：
湖北科学技术出版社，2020.8
　书名原文：HANGING KOKEDAMA Creating potless
plants for the home
　ISBN 978-7-5706-0090-8

　Ⅰ . ①空… Ⅱ . ①科… ②邹… Ⅲ . ①盆景—观赏园
艺 Ⅳ . ① S688.1

中国版本图书馆 CIP 数据核字 (2020) 第 114998 号

　　Design and layout copyright © 2018 Quarto
Publishing Group plc
　　Text copyright © Coraleigh Parker
　　Specially commissioned photography © 2018
Larnie Nicolson
　　Front cover image features Cole and Son 'Woods'
wallpaper

CONTENTS 目录

苔玉是什么?

苔玉是盆景的变异形式，是一种用混合土、苔藓和绳子制作花器来培育植物的日本无盆栽培艺术。

苔的日语发音为 koke，是苔藓的意思；玉的日语发音为 tama，是球的意思。

苔玉所展现的无盆栽培艺术既克制又粗犷，从本质上带有一种迷人又治愈的气息。它是日本侘寂之美的代表，即从不完美中发现美。一切能让盆景不落入俗套的元素都在苔玉中得到体现，而它又比传统盆景更适合家居生活。

近年来，朴实的设计，也就是用最少的元素展现自然事物与变化，逐渐成为主流审美。随着越来越多的人开始欣赏自然的粗犷之美，生活中那些无意义的繁杂之事也开始慢慢退出人们的视野。

作为一项爱好，制作苔玉能带来极大的成就感。当你用双手触摸天然的材料时，你的身心也会慢慢沉淀下来。

制作苔玉要求双手同时运作、协调配合。因为双手都在忙碌，所以你很难再去思考别的事情，如此，你就真正沉浸在当下了。

另外，在制作复杂的苔玉时，需要将细绳看似重复但又有细微差别地一圈一圈地绕在苔玉球外，这个过程也颇能让人沉静，甚至有些催眠。

制作苔玉是一个宁静、祥和的过程，能让人们将力量汇聚到身体与心灵中。许多苔玉爱好者，将制作苔玉作为一种让他们从繁忙、快节奏的工作和生活中放松下来的方式。

苔玉由无盆盆景演化而来，即以暴露根部为美。通常，植株在花盆内生长一段时间后根部会填满整个花盆，此时就算将其移出花盆展示，植株也不容易受伤。为避免移出花盆时，植株根部出现脱水或老化的现象，我们可以用苔藓把植株根部包裹起来，以提供有效的保护，这也就是苔玉最初的模样。

小狗杰克望着悬在空中的紫叶酢浆草苔玉沉思（P7）

传统的苔玉，是将用泥炭土和赤玉土混合而成的培养土做成球状，再一分为二，成为两个半球，把半球的中心掏空，将一株小型植物的根部用水苔（又称泥炭藓）包裹住，放置在掏空处，再把两个半球合二为一。有时，还会在做好的球体外部撒上草籽或用野生苔藓包裹住。

现代制作方法舍弃了以黏土为主要成分的赤玉土，而是直接用一层厚厚的水苔包裹住植株根部及其周围的土壤，这样能更好地保持土壤水分，减少浇水的次数。水苔就像一个厚重的海绵，它能吸收水分，再慢慢地将水分向植株根部输送。花盆无法减少水分的蒸发，但水苔可以。

花盆和苔玉球最大的区别在于对植物根部的影响不同。植物根部具有向水性，一般来说，如果有水，那么根就会生长；如果没有水，那么生长就会停止（科学家花了好几年来论证植物根部的生长规律，我们就姑且相信吧）。这样一来，因为花盆里总有水，所以植物的根会一直生长，挤占花盆内的所有空间，直到任何水分或养分都无法进入。

而苔玉则不同。植物的根一旦长出苔玉球，就会遇到空气，如果空气干燥，根就会停止生长。如此，植物就不需要长出粗壮的根来探寻水源了，只需通过细根维持生长即可。

某些植物，例如树木，其树冠的大小是由根系分布的范围决定的，而苔玉球的尺寸在某种程度上限制了植物根部的生长。这就意味着，种在苔玉球中的树不会长得过大，只会是同类的迷你版。

如果你能像爱自己的朋友和宠物一样爱植物，那么你就会从苔玉的养护中收获快乐，也会更明白苔玉的需求。要试着了解植物，而不要期待不劳而获。当你给予植物足够多的关爱，它们也会欢喜地回报以一片盎然的生机，为你的生活送来安谧与宁静。

悬挂在厨房中的合果芋苔玉（P9）

用苔玉装饰空间

苔玉的形式多变，是装饰空间的理想选择。它能以任何大小、形状或颜色呈现出来，以适应不同的环境。

挂式苔玉可以增加空间的纵深感，让植物能更好地展示自己的特色。你可以轻松调整它们的位置、高度，以达到最佳装饰效果。

苔玉体现的是侘寂之美，换句话说，少即是多。因此，不要在苔玉周围堆积太多物品，要把它当作一件美丽的画作或艺术品对待。

将苔玉布置在房间空旷的角落，既为空间增添了生机，又让整个空间变得更加柔和。小而精致的苔玉要放在便于近距离观赏的地方，注意不要让它被周围的物品淹没。用大叶植物制成的苔玉可以为柔和的背景增添不少艺术效果；造型独特的植物可以用来装饰空白的墙面，吸引人们对苔玉细节的关注；用细节丰富的苔玉搭配大型单色物品，鲜明的对比会带来较强的视觉冲击。此外，巧妙地设计苔玉的高度同样可以吸引观赏者的注意力。

苔玉球中的水可能会损坏墙面，在悬挂时要尤其注意。如果墙面不防水，那么与苔玉接触的地方就有发霉的风险，因此，一定要注意挂钩与墙面的距离，保证苔玉被挂起来后不会碰到墙面。

任何植物都需要适宜的光照。许多室内植物不喜欢受到阳光直射，但这并不是说它们喜欢阴暗的地方，恰恰相反，它们大多数喜欢明亮的环境。把苔玉高高挂起，这样就可以避免将植物暴露在阳光直射的地方。

将几个仙人掌苔玉组合成一件工艺品装饰房间，以达到更好的视觉效果（P11）
小狗懒洋洋地躺在两个仙客来苔玉、一个酢浆草苔玉和一个芋属植物制成的苔玉下（P12~13）

制作苔玉

　　只要掌握了方法，制作苔玉其实非常简单，会给你带来极大的满足感。将制作苔玉发展为自己的爱好，享受一步步制作出美丽装饰品的过程，你的双手会被弄脏，但心灵会得到沉淀。

　　在思考制作什么样的苔玉时，我们往往会被各种令人眼花缭乱的选择弄得有些不知所措或过于兴奋，比较妥当的做法是从小型苔玉着手，一步步积累经验，以此建立信心。初学者最好从便于操作的尺寸开始，可以先从多肉等易于养护的小植物上手，掌握了窍门之后，就可以尝试制作更大更有挑战性的苔玉了。

　　在正式制作之前，还要考虑苔玉将会被布置在怎样的环境中，这很大程度上决定了可供选择的植物。有些植物（比如仙人掌）喜欢温度较高、阳光充足的房间，而另外一些植物（比如蕨类植物）则偏爱阴暗凉爽的环境。

　　对植物的选择也会影响裹缚材料的选择。美学层面上的考量当然是必要的，但也要注意裹缚材料的使用寿命。比如，天然纤维材料会逐渐降解，因此，如若选用它作为裹缚材料，就需要定期替换。你可以试着在纸上勾勒出用苔玉装饰不同房间的效果，尝试绘制不同的植物，以确定最终的选择。

　　苔玉的制作现场一定会有些脏乱。苔藓需要浸泡，在这个过程中难免会有水溅出来；而配制培养土，又需要将不同的材料称重、混合。尽管制作苔玉不是严格意义上的户外活动，但还是要把它当作户外活动来准备。腾出一块地方，将所需的材料放在一起。操作时不需要佩戴手套，许多人觉得手套反而会成为一种束缚。此外，最好使用有机材料，以免与有害物质接触。苔玉制作过程中最美妙之处就是触碰那些天然的材料。

沐浴在午后阳光里的多肉植物苔玉（P15）

所需工具

将所需工具都放在手边，这是保证制作过程流畅又愉快的前提。

开始前的准备

工作空间

找一个不怕水滴溅出的操作空间，或者腾出一块地方，垫上防尘布、罩子或者纸张。如果桌子不防水，可以铺上塑料桌布或蜡纸。

勺子和碗

准备一个碗和一把勺子用于配制培养土。将它们与其他餐具区分开，专门用于苔玉制作。碗要足够大，大到能盛放下所需的培养土。

①量勺；②抹布；③修枝剪；④喷水壶；⑤指甲刷；⑥剪刀；⑦毛刷和簸箕（P16）用于裹缚或悬挂苔玉的细绳、挂钩和锁链（P17）

抹布

　　配制培养土可能会让制作现场有些脏，因此可以准备一块抹布用于清理现场。

剪刀

　　锋利又结实的剪刀是最理想的。

毛刷和簸箕

　　即使在制作苔玉的过程中已经非常小心，必要的清扫工作也不可避免。

指甲刷

　　虽然接触自然是非常值得鼓励的，但社交礼仪不允许我们的指甲里留有接触土壤后残留的泥垢，因此需要准备一把指甲刷清洁自己的手指。

喷水壶

　　苔玉制作完成后，植物的叶子或苔玉球上总有些地方需要用喷水壶清理一下。

修枝剪

　　准备一把锋利、好用的修枝剪非常有必要。用钝的或不干净的修枝剪修剪植物，会让切口凹凸不平，容易引起感染。

苔玉的裹缚

　　绳子的类型会影响我们对植物的选择，反之亦然。天然纤维材料制成的绳子会逐渐降解，而苔玉中的水分则会加速降解。对某些植物来说，绳子降解的速度与植株根部的生长速度很接近，绳子废弃后，植株根部已经可以牢牢抓紧苔玉球了。而另外一些植物，比如蕨类植物，喜欢在湿度高的环境中生长，此时，更适合使用不会因接触水分而加速降解的合成纤维绳。但这并不意味着每种苔玉只能使用一种绳子进行裹缚。我们可以先用尼龙鱼线缠绕苔玉球，再用麻绳覆盖于表面，让苔玉更具美感。或者，还可以用软铁丝缠绕于苔玉球外，

这样可以增添一些工业风。

悬挂苔玉

　　发挥想象力的时间到了。我们可以将苔玉挂在墙上或天花板的钩子上，这是最简单的方法。或者在墙上固定两个钩子，中间拉一条锁链，然后将苔玉挂在锁链上。也可以在光线好的墙上固定一个钩子，再将以细绳装饰的木枝吊在钩子上，最后把苔玉挂在木枝上装饰墙面。此外，还可以用杆子、S形挂钩、麻绳或铁丝将苔玉挂在窗边展示，这也让浇水变得更方便。

　　如何固定苔玉呢？我们可以用绳子绕苔玉球一圈绑紧；或者将绳子分别系在苔玉球的三个点上固定；还可以在裹缚苔玉球的绳子下面埋一枚钩子，挂窗帘用的S形小挂钩就非常合适，有了它，就可以将苔玉直接挂在细锁链上，而不必担心破坏整体美感。

配制培养土

这是苔玉制作过程中最重要的步骤。用苔藓把植物的根包裹起来并不难，但打造一个能让植株在接下来的几年都枝繁叶茂的沃土家园，就很难了。

水苔

一层厚厚的水苔是为植株根部提供良好生长环境的关键。如果水苔只有薄薄的一层，那么水分就会迅速从土壤中蒸发，蒸发速度比植物种在花盆中时还要快，这时就不得不频繁地浇水。不仅你会觉得麻烦，对植物来说，短时间内不断地变干、变湿、又变干，也不利于它们的生长。

椰壳碎片

椰壳碎片是工业提取椰油时产生的副产品，因此生产时并不会额外消耗能源。椰壳碎片的透气性非常好，且不易降解。某些植物（例如附生植物）的根部偏爱潮湿的环境，但又不喜欢积水，需要一定的空气流通，因此，在这些植物的培养土中加入椰壳碎片就非常适合。

椰壳纤维

有的植物不需要频繁浇水，有的厌恶湿度起伏不定，此时就可以在水苔外再包裹一层椰壳纤维，这样既能保持苔玉球内的湿度，又不妨碍空气自由流通。市面上可以买到松散纤维状或地垫状的椰壳纤维。

椰糠

椰糠是由提取椰壳纤维时产生的废渣制成的块状物，可以用来替代水苔。椰糠能有效地储水并向植株缓慢地输送水分，对喜欢潮湿环境的植物来说是非常理想的培养土配料。

堆肥

许多植物都依赖于有机质的分解及分解过程中所产生的养分生长。堆肥作为土壤调理剂，对植物枝干、果实和花朵的生长会起到一定推动作用，因此，可以在培养土中添加一些堆肥，以促进植物的生长。堆肥的作用可持续一年，之后需要为植物施加液肥。

吸水珠（又称水晶土）

吸水珠能吸收超过自身重量100倍的水分，它们在苔玉球中就像是一个个小型水库，为植株提供充足的水分。使用时，只需将吸水珠放到水中浸泡，等它们吸饱了水后再放到培养土中。

珍珠岩

有的植物不喜欢潮湿的环境，此时，最好等土壤几乎完全变干后再浇水。珍珠岩 pH 值呈中性，质轻多孔，可以让水分快速排出土壤，并在土壤中生成一些气囊，帮助空气流通，透气性和排水性俱佳。

有机缓释肥

将有机缓释肥添加到培养土中能让植物更好地生长。只要有持续不断的水分和养料，植株根部就会在苔玉球内茁壮生长，不会再向外探寻额外的养分。

①椰壳纤维；②干水苔；③有机缓释肥；④吸水珠；⑤椰壳碎片；⑥堆肥；⑦椰糠；⑧珍珠岩（P19）

裹缚苔玉球

将所需物品归置在一起。找一块耐脏或易清理的空间，铺上防尘布以便清理制作过程中产生的垃圾。

水苔层的厚度

用水苔包裹住植株根部非常重要，这样可以避免土壤中的水分过快蒸发。一层厚厚的水苔能锁住苔玉球中的水分；如果水苔裹得不够厚，那么在表层干燥后，水苔就会开始吸收培养土中的水分，反而会影响植株的生长。记住，在苔玉制作过程中没有"水苔层过厚"的说法。

裹缚造型

裹缚苔玉球的方法非常多，最常见的是"均匀随机法"，这种方法不会限制苔玉的样式，只需将绳子均匀地缠绕在苔玉球上即可。此外，"2-7 法"也比较常用。这需要我们想象苔玉球表面有一个表盘，先将绳子在 2 点钟和 7 点钟的方向之间来回缠绕在苔玉球上，缠满半个球面后，用同样的方法缠绕剩下的半个球面，如此就可以得到一个图案对称的苔玉球了。

用浸湿的干水苔包裹仙客来根部，再用麻绳缠绕固定（P20）

1. 将植株移出花盆，并将其根部的土壤打散。注意不要伤到植株根部。

2. 将浸湿的水苔呈圆饼状平铺在操作台上，然后用手按压。按压时会有水流出来，因此要做好弄脏操作台的准备。

3. 将植株根部及其携带的土壤放在圆饼状水苔层中心。

4. 配制培养土，并用配好的培养土包裹植株根部。可以将未用完的培养土放在密封容器中，方便下次使用。

5. 将双手置于水苔下方，将水苔层由外侧向中心合拢，直至完全覆盖植株根部及土壤，形成一个球体，这也就是初具规模的苔玉球。

6. 挤压水苔层，使之紧紧包裹住植株根部。挤压时不用担心植株会受伤，可以稍微使点劲。水苔被压得越紧实，下一个步骤就会越容易。

7. 用绳子绕苔玉球一周，打一个结，作为继续缠绕的基点。在保证球体不破裂的情况下，尽可能地将绳子系紧。

8. 小心地将苔玉球抬起来，以便更好地让绳子绕过球体下方。此时只是要将苔玉球捆紧，不用考虑美观的问题。

9. 将绳子均匀地缠绕在苔玉球上，缠绕时要按住水苔，将绳子绷紧。另外，可将植物的枝叶探出操作台，以免它们被压伤。

10. 向下按压苔玉球并来回滚动，使之变得更圆。在这个过程中，要不停变换苔玉球的位置，轻拍球体各处，以便更好地塑形。注意：此步骤须在用绳子缠绕苔玉球的同时进行，否则绑好的绳子会变得松散。如需要，可增加绳子的用量。

11. 用剪刀将绳子的末端朝相反的方向塞入苔玉球内，使之更好地固定。

12. 修剪苔玉球上多余的水苔及毛糙的部分。

苔藓块

如果你喜欢绿意葱茏的苔玉，那么这里有一个小妙招。把苔玉放到室外，苔藓就会逐渐长满整个苔玉球，让苔玉看上去生机勃勃。但如果你的苔玉不适合在室外生长，或者你想让它立刻呈现出绿意盎然的样子，那么可以参考以下操作。

完成裹缚苔玉球的步骤后，可以将活体苔藓固定在苔玉球外部，让苔玉球看上去更加鲜活。首先要准备一块带土的苔藓，可以自行采集，也可以从花市购买。苔藓块要足够大，最好能包裹住整个苔玉球；如果没有大块苔藓，将一些小块苔藓组合在一起也能达到同样的效果，只是会增加一些操作难度。

了解所用苔藓的原生环境非常重要。一般来说，苔藓喜欢阴凉、潮湿的环境，这一点要尤其注意。苔藓对温度非常敏感，在温度过高的环境下很容易变得枯黄。如果你从阴凉、潮湿的地方采集了苔藓，却把它安置在温暖的壁炉旁，那结果肯定是不尽如人意的。

此外，要记得将苔藓紧紧地贴附在苔玉球的表面。如果苔藓和苔玉球之间留有空气，苔藓就会逐渐失去光泽，直至干枯。

贴上苔藓块的铁线蕨苔玉（P24）

1. 让苔玉球侧躺下来,把一大块带土的苔藓放在上面。

2. 用打钉枪固定苔藓块。

3. 如果没有打钉枪,也可以用尼龙鱼线将苔藓块绑在苔玉球上。

4. 将苔藓块逐一固定到苔玉球上,直至苔玉球被完全覆盖。

"脏"苔藓

需要准备：

1 株植物

干水苔

苔藓孢子

草籽（非必选）

如果你喜欢苔藓或青草迅速长满苔玉球的感觉，那么，你可以将苔藓孢子（还可以加上草籽）混合到制作苔玉球用的水苔中。

将水苔浸湿后沥干，取一袋苔藓孢子充分混合到水苔中。如需要，可加一些草籽。水苔是一种非常好的栽培基质，小草会在数日内开始生长，苔藓孢子也会在几个星期内萌芽。

用这种方法制作的苔玉球，最开始会显得比单纯用水苔做的苔玉球更"脏"，但它很快就会变得葱郁，而且还能避开真菌生长期（详见 P32）。

由于这个方法是人为加速了苔藓的生长，因此在裹缚苔玉球时最好选用合成纤维绳，外面再缠一层天然纤维绳。天然纤维绳用于这种苔玉时，降解速度会比正常情况下快一些。不过，还没等到植株的根部长满整个苔玉球，混合在水苔里的苔藓就已经开始生长，并会逐渐覆盖裹缚在外的绳子。

将一袋苔藓孢子倒入水苔中（P26 上图）

将苔藓孢子、土壤与水苔充分混合（P26 下图）

"花哨" 苔藓

需要准备：

1 个苔玉

"花哨"苔藓

打钉枪

蔓生藤本植物（非必选）

　　为了让苔玉球显得葱翠繁茂，可以选用一些蓬松的、能营造视觉效果的"花哨"苔藓包裹在苔玉球外。

　　用打钉枪将选取的苔藓固定到制作好的苔玉球外。尽量用少量钉子完成这个任务，否则苔玉球会变得非常难看。苔藓适宜生长在阴凉的环境中，且需要每天喷水并定期浸泡。注意，苔玉球中植物所需的生长环境要与苔藓的类似。

　　此外，还可以用不同类型的苔藓打造拼接效果。尽可能将不同苔藓块紧密地拼在一起，这样打造出来的视觉效果更佳。

　　如果想让苔玉看上去更花哨，

可以在苔玉球外缠绕一些蔓生藤本植物，比如穿叶铁心木或薜荔。选用叶子小巧的藤本植物装饰，让苔玉更具视觉冲击力。

将不同类型的装饰性苔藓固定到苔玉上（P27 上图）

把穿叶铁心木绑在苔玉球外，以完成最终造型（P27 下图）

苔玉的养护

　　从理论上来说，养护苔玉非常简单，秘诀就是采用正确的养护方式，并创造出适宜植物生长的家居环境。每种植物、每种家居环境都不一样，因此，要根据不同情况选取不同的养护方式。

　　所有植物都需要养分、水分和光照，但不同植物的具体需求是不一样的。因此，制作苔玉时，要根据实际家居环境来选择植物。大多数室内植物都喜欢潮湿、有间接光照的生长环境。

　　苔玉球并不能造水，它只是一个质量好又美观的"花盆"。与陶盆相比，苔玉球不会过分汲取土壤中的水分，因此，即使苔玉球本身不能产水，但栽培其中的植物对水的需求比种在同等大小花盆中的植物要少一些。

　　与花盆相比，苔玉球还有许多优势。比如，室内植物无法受到风雨的自然清洁，灰尘会在叶子上积聚，从而阻碍阳光直射。要除去灰尘，可以将整个苔玉（苔玉球和植株）浸泡在温水中清洗，或者，直接用淋浴花洒以温水轻轻地冲洗植株的叶子。因为土壤被包裹在苔玉球内，所以不必担心土壤流失，或弄脏洗浴区。这是盆栽条件下无法做到的。

　　此外，所有天然纤维绳都会逐渐降解，而水分和光照会加速降解的过程。因此，如果你裹缚时使用的是天然纤维绳，就要做好日后更换绳子、重新裹缚苔玉球的准备；或者，你也可以一开始就使用合成纤维绳。

用水苔包裹、麻绳捆绑的多棱玉苔玉
（P29）

浇水及施肥

浇水

从苔玉重量的变化中可以得知植物何时需要浇水。将苔玉在手中掂一掂，如果感觉变轻了，就需要浇水。慢慢了解这些信号，有助于你建立良好的养护习惯。

植物缺水的表现比较明显，有些植物的枝叶会下垂，有些植物的叶子会卷曲起来，多肉植物则会起皱，看上去有些古怪。挂式苔玉在这方面需要更多关注，但别因此就打消了热情，给它们浇水其实非常容易。

在水池或水桶中装一半水。如果用水桶，可将水桶放到浴缸或浴室中，以免水溅出来弄脏地面。

将苔玉放入水中，如果它非常干，就会漂在水面上。一般来说，苔玉会逐渐吸饱水，沉入水底。根据苔玉球体积与干燥程度的不同，整个过程需要10~30分钟不等。充分浸泡后，将苔玉从水中取出，沥30分钟，尽量避免重新悬挂时苔玉仍会滴水的情况。夏天气温较高，湿度较低，需增加浸泡频率；冬天则要减少浸泡次数，以免烂根。在浸泡之余，可对植物少量喷水，这会使植物生长得更好。

施肥

大多数植物需至少每季度施1次肥。可以直接购买高品质的有机液肥，按包装上的说明添加到水中使用。化肥和人造肥料可能会污染水源，应尽量避免使用。

更多关于施肥的信息，可参考本书稍后介绍的植物概况。

波浪竹芋的叶子在浇水前后的状态对比（P30）

在水池中浸泡的苔玉（P31）

归化期与适应期

正如前文中提到的那样，天然纤维绳会逐渐降解，这是使用有机材料裹缚苔玉必然会遇到的问题，也是接下来必须要面对的。不过，经过一段时间的适应，苔玉球就会形成自己的生态系统，球体表面会被自然生长的苔藓覆盖，而植物的根系也会逐渐生长，从内部支撑住苔玉球。不同植物对环境的需求不同，因此苔玉适应环境的速度也有一定差别。

真菌生长期

真菌生长是生物降解过程中的第一步，这个时期也是苔玉需要适应的第一个阶段。此时，真菌会在苔玉球外部探出菌丝并开始分解天然纤维绳。在自然界中，这个过程非常重要，可以说是许多其他自然现象形成的基础。真菌为其他机体（例如苔藓）的生长创造了良好的条件，等到天然纤维绳被完全降解后，苔藓便会慢慢生长出来，并逐渐覆盖整个苔玉球，让苔玉球看上去葱翠可人。

应对措施

一般来说，家居环境并不欢迎真菌。尽管真菌分解有机质的功能在自然界中非常重要，并且苔玉球上生长的真菌对人体和宠物都是无害的，但大多数人还是无法接受有真菌在家里生长。

针对苔玉的真菌生长期，有几种处理方式。一种是完全放任，慢慢等待苔藓长出来，从而得到一颗美丽葱郁的苔玉球。不过，放在室内的苔玉没有自然接触苔藓孢子的机会，此时可以买一些苔藓孢子涂在苔玉球外部。如果觉得麻烦，也可以在苔玉球外直接钉上苔藓块（详见 P24~27）。还有一种做法是通过清理天然纤维绳，让苔玉恢复到初始状态。清理正逐渐被降解的绳子，添加一层水苔并用新的绳子重新裹缚苔玉球。苔玉中植物的类型，以及绳子与水分的接触程度，都会影响绳子的更换频率。

一个放在室外的苔玉，苔玉球已经被自然生长出来的苔藓覆盖（P32）

多肉苔玉上逐渐降解的绳子（P33）

热带植物

Tropicals

生长环境与植物养护

在浴室用温水清洗龟背竹的叶片（P37 左图）
用湿毛巾擦拭龟背竹的幼叶（P37 右图）

　　热带植物因其充满生机的绿色枝叶而备受关注。除本书中介绍的几种外，热带植物的类型还有很多，并且大多非常适合栽种在苔玉球中。

　　热带植物喜欢潮湿的环境。在自然界中，热带地区的温度和充沛的降雨让植物被温暖潮湿的空气包围着，它们通常生长在富含有机质的肥沃土壤中。往后读，你会发现接下来介绍的几种植物的培养土都是在尽量复制热带雨林的土壤。

几个栽种着热带植物的苔玉浸泡在浴缸中（P36）

合适的家居环境

　　明亮但没有阳光直射的房间是最理想的。有些热带植物可以接受光线不太充足的环境，因此不需要离窗户过近。除非另有说明，否则任何每天日照超 3 小时的房间都是适合的。

浇水方式

　　大多热带植物体积都比较大，因此承载它们的苔玉球也相对较大。这是个很大的优势，因为苔玉球内的水分可以保持得更久。

　　夏季要经常浸泡苔玉球，但每次浸泡之后，务必等到球体表面完全干透后再进行下一次浸泡。冬季要减少浸泡次数，等苔玉球 2/3 的水分都吸收完后才可再次浸泡。

　　要经常为植物的枝叶喷水，甚至每天 1 次也不为过，但需在早上进行，晚上最好不要喷水。

　　由于养在室内，热带植物巨大的叶子上会有灰尘积聚，这会阻碍阳光直射。因此要不定期地用湿毛巾擦拭叶子，或直接用温水清洗。

制作热带植物苔玉

本章介绍的苔玉的培养土中大多加入了椰壳碎片，土壤中会因此形成含有湿润空气的气囊，因此尤为适合栽有热带植物的苔玉球。椰壳碎片往往呈较大的块状，用量较多时，会给操作带来一些困难。这时可以准备一个盆，将所需材料全部放入其中，在盆内完成苔玉的制作。

对热带植物来说，苔玉球中的水苔层越厚越好，但由此造成的高湿度环境让天然纤维绳的降解问题尤为突出。要解决这个问题，可以直接使用合成纤维绳，或在天然纤维绳下先用尼龙鱼线加固一层。在制作左图的苔玉时，我用尼龙鱼线在天然纤维绳外加固了一层，并将其隐藏在活体苔藓下面。你可以在最开始裹缚苔玉球的时候就使用尼龙鱼线，但这需要一定的技巧。

在盆子中制作完成的红掌苔玉（P38）
用水苔裹缚，并以麻绳捆绑的苔玉（P40）
悬挂在门廊上的红掌、鹅掌柴和小天使蔓绿绒苔玉（P41）

1. 将几截绳子捆在一起，中间打一个结。将结置于盆子中心，让绳子均匀地四向散开。每截绳子都要足够长，保证它们捆在一起后两头也能超出盆子的边沿。

2. 在绳子上铺一层水苔。将水苔层向下压实，呈碗状。把植物放置在水苔层正中心，并填入配制好的培养土。在植物根部上方覆上苔藓块并压紧，呈球状。

3. 取方向相对的两根绳子系在一起，越紧越好。重复这一动作，直至苔藓球被完全裹缚。将苔玉移至盆外，并选用合适的绳子（比如尼龙鱼线）加固。

4. 植物巨大又富有光泽的叶子可能会妨碍你的操作。此时可以利用桌子的边缘，将植物的枝叶悬于桌外，这样也能避免在裹缚苔玉球时压伤植物枝叶，起到保护作用。

红掌
Anthurium andraeanum

科别
天南星科

光照
适中

浇水量
适中或大量

生长速度
中速或快速

宠物友好度
对猫狗有轻微毒性

常见问题
湿度不足

培养土配方
1/2 盆栽土
1/4 堆肥
1/4 椰壳碎片

红掌非常适合栽种在苔玉中，它绿油油的叶子和四季不败的花朵极为惹人喜爱。红掌的花是红色系的，从浅粉到深红，有的甚至接近黑色；而叶子的颜色则从翠绿到深绿不等。红掌对湿度的要求很高，但根部又不喜欢过于潮湿的环境，因此频繁浇水并不可取。想让它开出美丽的花朵，可每天对其枝叶喷一两次水。

生长条件

作为一种在热带雨林林下层生长的植物，红掌习惯于接收从林冠层漏下来的光线。也就是说，充足的散射光更适合它们的生长，而一旦受到阳光直射，红掌的叶子就可能会被灼伤。但也不要因此就将它放得离光源太远，否则它的枝叶会向有光线的方向生长，并且整株植物都会变得枯瘦难看。此外，红掌不喜欢低温干燥的环境，花朵凋谢后也应及时去除。

浇水与施肥

春季是红掌的主要生长期，此时要保证它的根部能得到足够的水分。不要等苔玉球已经干了一半再浸泡。夏季最好 1 周浸泡 1 次，但也要根据具体环境和植株的大小进行调整；冬天则要减少浸泡次数，以免烂根。虽然将苔玉悬挂起来能降低植株根部积水的概率，但土壤中水分过多仍是红掌栽培过程中最常见的问题之一。

红掌的叶子大而富有光泽，在生长期最好每 2 周施 1 次肥。

一叶兰
Aspidistra elatior

科别
百合科

光照
少量或适中

浇水量
少量或适中

生长速度
缓慢

宠物友好度
友好

常见问题
浇水过量

培养土配方
2/3 盆栽土
1/3 椰壳碎片

一叶兰也很适合栽种在苔玉中。无须细心养护，一叶兰也能在相对恶劣的环境下存活。昏暗的光线对它来说并不是问题，适合它生长的温度区间跨度也非常大。可以说，这是一种能适应各种家居环境的植物，不论是在浴室、客厅，还是走廊，它都能茁壮生长。一叶兰对环境并不挑剔，只要根部不受限制，它就会越长越大。然而，一旦它的根长满整个苔玉球，植株就会停止生长。但这并不意味着一叶兰会就此死亡。此时，可以将苔玉球拆开，将一叶兰分成几株，制成新的苔玉装饰家居或送人。

生长条件

在英国维多利亚时代，室内照明用的煤气灯会产生一种对大多植物来说都致命的气体，而一叶兰是个例外，它也因此成了当时最适合养在室内的植物。不要因为一叶兰的生命力顽强就苛待它，毕竟良好的生长环境会让它更加繁茂。倘若放任它在阴暗的角落生长，它虽然不会枯萎，但也不会长出新叶。一叶兰的叶子非常容易被晒蔫，因此不要让它暴露在阳光直射的环境中。非朝阳房间的窗边就非常理想，比如洗手间或洗衣房的窗边，一叶兰会在那里长出非常漂亮的新叶子。至于温度就更加不必担心了，不论是温暖还是寒冷的房间都很适合它的生长。

浇水与施肥

一叶兰只需适量浇水即可，过度浇水会给它带来极大的伤害。在生长期（春季和夏季），每次浸泡苔玉球后，要等球体完全干燥才可进行第二次浸泡；每隔1次，可在水中添加一些液肥，这有利于植株生长。而植株生长所需要的时间，取决于其所处环境的光照和温度等条件。

龟背竹
Monstera deliciosa

科别
天南星科

光照
半日照

浇水量
少量

生长速度
缓慢

宠物友好度
对猫狗有毒性

常见问题
浇水过量

培养土配方
1/3 堆肥
1/6 椰糠
1/2 椰壳碎片

攀附着锁链生长的龟背竹（P47）
在朝东的房间里茁壮生长的大型龟背竹
（P48）
悬挂在餐厅里的小型龟背竹苔玉（P49）

龟背竹来自亚马孙河流域，它美丽的叶片是常见室内植物中最大的。作为大型攀缘植物，龟背竹在生长后期对养护的专业性有一定的要求。龟背竹极耐修剪，如果想要它一直保持最初的模样，可以用快刀砍掉不断冒出来的新芽；如果砍掉的新芽恰好在龟背竹的生长点下方，那么一株新的龟背竹会就此生长出来。想让龟背竹充分生长，则要为它准备支撑物，倘若缺少支撑，它的茎干很可能会因为无法承受自身重量而折断。将龟背竹绑在锁链上，就可以让它攀附着锁链生长。然而，当龟背竹顺着锁链向上生长一段距离后，浇水会变得有些困难。这时可以参考本书中树木苔玉的浇水方法进行浇水（详见P118）。

生长条件

龟背竹喜欢像在丛林中那样的半日照环境。它也可以接受阴暗的环境，但长势不会太好，因此最好将龟背竹摆放在家里某个光线不算太暗的角落。龟背竹特别喜欢温暖潮湿之处，在干燥低温的环境下会长得非常缓慢。它的叶子非常大，很容易因为灰尘堆积而失去光泽，此时要用柔软的湿毛巾轻轻擦拭叶面，为其做不定期的清理。

浇水与施肥

在野外，龟背竹通常会在夏季季风期得到雨水的浇灌；而在家居环境中，则可以用淋浴或浸泡代替降雨。每次浸泡后，要等苔玉球完全干燥才能进行下一次浸泡，冬季尤应如此。龟背竹的气生根主要用于吸收水分，因此可以对其适量喷水。春夏两季是龟背竹的主要生长期，浇水时，可在水中添加有机液肥。施肥无须太频繁，但随着龟背竹的生长，施肥次数也要相应增加。

金山葵（又称皇后葵）
Syagrus romanzoffiana

科别
棕榈科

光照
全日照

浇水量
少量

生长速度
快速

宠物友好度
友好

常见问题
光照不足

培养土配方
1/2 盆栽土
1/4 椰糠
1/4 椰壳碎片

金山葵在室内并不常见。在野外，它可以长至约 15 米高；栽种在苔玉球中时，它会保持相对较小的体形，不过，与其他室内植物相比，它的体形还是很大的。金山葵像盾牌一样的叶子非常别致，在生长后期会像蓬松的刷子毛一样"炸开"。因此，金山葵在生长初期看上去像是线条感极强的建筑模型，一段时间之后，随着叶子的不断生长，金山葵会逐渐长成一株成熟的棕榈树。金山葵的树干和叶茎都是直挺挺的，起风时，那笔直的叶茎会帮助植物保持优美的姿态，让叶子不至于东倒西歪。

生长条件

金山葵是来自热带的植物，非常喜欢湿热的环境。就算在热带雨林中，金山葵也属于大型植物，它的树干会努力地向上生长，以求获取更多阳光。如果你想让它在室内维持较小的体形，那么就需要保证它每天至少能得到 8 小时的日照。如果日照不够，它就会不断向上生长，试图穿越顶部的"林冠层"来获取阳光。在低温环境（比热带地区气温低的环境）中，金山葵的生长速度会放缓，但这并不能阻止它生长，也许有一天，它会冲破家里的天花板，与阳光来个亲密接触。

浇水与施肥

金山葵需频繁浸泡，但每次浸泡后要等苔玉球稍干方可进行下一次浸泡。对它的叶子喷水有助于保持湿度，也能使叶子更具光泽。此外，还可以不定期地用温水冲洗叶子，以免灰尘堆积。

每 4 个月可施 1 次有机液肥，这能使植物叶片保有光泽。切记施肥要适量，过度施肥会导致烧根。

球根植物

Bulbs, Corms and Tubers

生长环境与植物养护

不同类型的球根植物，其枝叶和花朵也不尽相同，但它们都有一个共同点，那就是拥有肥厚的地下变态茎。变态茎内贮有大量养分，植物的根系也会从变态茎生长出来。一般来说，球根植物根据其地上部分枝和茎的生长规律，可分为两类——休眠性的和非休眠性的。休眠性的是指，植物每年在开花1周至1个月后，其地上部分会逐渐枯萎，进入休眠状态；非休眠性的是指，在一年内的大部分时间里，植物都会正常生长，且花期相对较长。总体来说，球根植物大多非常适合制成苔玉，不必经常分株。

水仙、郁金香、风信子，以及某些绵枣儿属和番红花属的植物

以活体苔藓包裹，并用尼龙鱼线捆绑的仙客来苔玉，正浸泡在浅水盆中（P54）仙客来苔玉不需要完全浸透，只要3/4的苔藓球被浸湿后就可取出了（P55）

都是休眠性的球根植物，对于这些植物来说，苔玉球最好作为其花期期间的装饰，而非长期栽培场所。非休眠性的球根植物对养护有一些特殊的要求。鳞茎类球根植物（以下简称鳞茎植物）极易烂根，要避免这一问题，一定要保证其 1/3 ~ 1/2 部分的变态茎暴露在空气中，不被包裹进苔玉球。

合适的家居环境

明亮但没有阳光直射的房间是最理想的，有些球根植物可以在光线较暗的环境中生长。除非另有说明，否则任何一间日照超过 3 小时的房间都是合适的。

浇水方式

将苔玉置于浅水盆中，让植物能自己从盆中吸收水分。不要让苔玉球完全浸湿，当一半以上的球体表面变得湿润时，就可以将它取出来了。

制作球根植物苔玉

球根植物的习性多有类似，此处以其中的鳞茎植物为例制作苔玉。季节性开花的鳞茎植物花期能持续数周，它们的花朵不仅可以为家居环境增添色彩，还会散发出令人陶醉的芳香。其枝叶的生长极为迅速，因为枝叶存在的时间短，所以更会使劲地生长，以期获得更多关注，直到用尽力气，进入休眠期。鳞茎植物有约半年的休眠期，来年会重新发芽生长。

需要注意的是，栽种到苔玉中时，植株的鳞茎必须有一部分裸露在外，否则极易腐烂。

一个被活体苔藓包裹、用尼龙鱼线捆绑的水仙苔玉，水仙在购入时就已经开花了（P56）

用苔藓包裹苔玉球时，要轻轻地用拇指将鳞茎周围的土壤和苔藓压实。重复这一动作，同时确保鳞茎顶部没有被裹进苔玉球中。苔玉球裹缚完成后，需再次按压。

购买植物时，记得挑选那些鳞茎大、结实且干净的植株。另外，还要确保植株没有受到损伤或病害的迹象。

鳞茎植物的花凋谢后，如果不想直接将它当作垃圾处理掉，那么，有以下两个选择：

一是将整株植物种在花园里的某棵树下，来年它会再次萌芽、开花。

二是如果你想将它养在室内，那就要一直照顾它，直至它的叶子全部枯萎。此后，需等植株的鳞茎完全干燥，再将其放到一个低温、干燥且阴暗的地方储存。接下来，

植株会一直休眠直到来年春天。冬至过后，将鳞茎取出，让其慢慢适应外界环境。最开始，可将鳞茎稍稍打湿，并在其重现生命迹象时增加水分。可在水中添加些有机液

肥，直至植株开花。鳞茎植物的开花情况，主要受上一年的情况影响。如果上一年花朵是人为催开的，那么可能需要等到下一年才能再次开花。

按压鳞茎周围的苔藓，确保鳞茎的顶部暴露在空气中（P57）

仙客来
Cyclamen persicum

科别
报春花科

光照
适中

浇水量
适量

生长速度
中速

宠物友好度
对猫狗有毒性

常见问题
环境过热
花朵凋谢后受真菌感染
块茎腐烂

培养土配方
1/2 堆肥
1/2 椰糠

对于花匠来说，种植仙客来是从块茎开始的，不论是枝叶还是根都会从块茎生长出来。块茎只能埋一半到土中，否则容易腐烂。仙客来畏寒，因此最好养在室内。但它又是冬季开花的植物，因此，如果环境过于温暖，又会让它直接进入夏季休眠期，大大缩短花期。

生长条件

仙客来非常适合养在室内。有持续、温和的间接光照的房间特别适合仙客来，房内温度最好不会出现明显上升。倘若湿度不够，仙客来极易变蔫；但过度浇水又会让它死亡。如果你能坚持不懈地探索，摸清养护仙客来的窍门，那么它就能长出心形的叶子，并不断地开出星光般的花朵，整个花期可长达数月。注意花朵开败后要尽快剪下，以避免植株被真菌感染。

浇水与施肥

仙客来的养护复杂又微妙，但掌握技巧后，就会得到应有的回报。这种植物不能过度浇水，因此不建议直接浸泡整个苔玉；而是将苔玉球放在浅水盆中，让其能自下而上慢慢吸收水分。每一到两周可在水中添加液肥，或根据液肥包装上的说明添加。根据仙客来所处环境的不同，其浇水的频率也会有所不同，在某些情况下，每两三天就要给仙客来浇1次水。清晨对仙客来的枝叶喷水有助于保持湿度，但切记不要过量，别让水流到块茎上，或在叶子上停留一夜。如发现植株的叶子到晚上仍是湿的，就要减少喷水量。

水仙
Narcissus tazetta

科别
石蒜科

光照
适中

浇水量
大量

生长速度
快速

宠物友好度
极具毒性

常见问题
环境过热
浇水不足

培养土配方
2/3 珍珠岩
1/3 堆肥

用活体苔藓包裹，并用尼龙鱼线裹缚的仙客来苔玉和水仙苔玉（P62）
用干水苔包裹，并以亚麻绳裹缚的仙客来苔玉（P63）

如果你需要打造一个极具视觉效果的家居场景，那么花期短但花朵可人的水仙是个不错的选择。有些水仙的香味非常浓烈，有的人甚至会因其甜腻的香味感到憋闷；而有些，比如水仙'大太阳'，则有着极淡的甜香，闻起来十分沁人心脾。如果是在室内，水仙一年中最多开一次花，花谢后，可将整株植物丢弃，或是将它移栽到室外（对水仙'大太阳'来说，需要选一个背光处栽种）。如果想直接把水仙保存在苔玉球中，那就要做好它可能两年后才会再次开花的准备。此时，不要将它的叶子剪掉，叶子能为鳞茎提供必要的养分，让水仙为来年开花储蓄能量。保持正常浇水、施肥，直至叶子自然死亡，然后将苔玉球储存在干燥、阴凉的环境中。等到来年春天，将苔玉球取出，并放在添加了少量液肥的水中浸泡，让水仙重新生长。最开始，仅让苔玉球保持轻微湿润即可，等到有嫩芽生长出来后，再逐渐增加浇水量。

生长条件

水仙一般生长在树荫处或森林边缘，它们喜欢阴凉但有充足间接光照的地方。水仙的花朵会向着阳光生长，这个特性可能会增加或者减少水仙苔玉的美感。通过细致的照料，水仙可能会形成各种有趣的造型；当然，你也可以放任它们长成葱郁的一簇。将水仙制成苔玉时，要注意让鳞茎的上半部分裸露在空气中。

浇水与施肥

浸泡时要将苔玉置于浅水盆中，让植株自下而上吸收水分。可在每日清晨喷水，但水量不宜过多，只要能在叶子上结成小水珠就够了。如果落在鳞茎上的水不能在白天蒸发掉，那么鳞茎就很有可能腐烂。水仙的根部需要水分，但鳞茎永远不需要。

酢浆草
Oxalis corniculata

科别

酢浆草科

光照

充足

浇水量

适量

生长速度

快速

宠物友好度

具轻微毒性

常见问题

过度浇水、水分不足

培养土配方

1/2 椰糠

1/2 堆肥

酢浆草有一个非常有趣的特性——如果对它照顾不周，它就会"装死"，所有的枝叶都会枯萎，仅剩块茎在那"生闷气"。但当它停止"怄气"后（这通常是因为它的主人又重新注意到它，并恢复了对它的关爱），它又会像一株新栽的植物一样，重新冒出芽来。因此，如果你几个月都没顾得上酢浆草，只需给这个已经变得"死气沉沉"的植物补些水，再将它放到阳光下，它就会像凤凰涅槃一样获得重生。

生长条件

酢浆草对光照的要求不是很高，只要不是完全背阴或是阳光直射的环境就可以了（过多的太阳直射会将它晒伤）。相对而言，对温度的把控更为重要，在温度过低的环境中，酢浆草的枝叶会变蔫。另外要注意的是，栽种酢浆草的苔玉球不能做得过于紧实。酢浆草的根非常细弱，如果苔玉球非常紧实，酢浆草的根就很难生长，植株也就难以存活了。

浇水与施肥

每次浸泡苔玉后，要等苔玉球表面干燥再进行下一次浸泡。一般来说，浇水不规律并不会妨碍酢浆草的生长。若是温度极低，几个月不给酢浆草浇水也不会有大问题。但如果是被放在非常温暖，或是日照强的地方，它就格外需要关注了。在这种情况下，你要定期为它浇水，否则，它就会启用自己"装死"的技能。

马蹄莲
Zantedeschia aethiopica

科别
天南星科

光照
适中到充足

浇水量
大量

生长速度
中速

宠物友好度
对猫狗极具毒性

常见问题
温度波动

培养土配方
3/5 椰糠
1/5 堆肥
1/5 吸水珠

马蹄莲虽被称为"莲",但它并不是莲花,而是一种多年生块茎植物。马蹄莲的叶子是直接从块茎中生长出来的,叶柄很长,呈丛生状。制作苔玉时,不要将马蹄莲的块茎埋得太深,也不要将绳子缠绕得离叶柄过近,要注意为新叶留出生长空间。马蹄莲的花凋谢后,它的叶子会逐渐枯萎,整株植物将进入休眠状态。

生长条件

在野外,马蹄莲一般生长于湿地中,这让它的根部能一直处于湿润的状态。挂式苔玉可以为植物根部带来充足的空气流通,但若是要栽种马蹄莲,则需要非常湿润的培养土,以解决因空气流通而引发的根部干燥问题。因此,在制作马蹄莲苔玉时,可以多用一些水苔,或是在苔玉球外添加一层椰壳纤维。马蹄莲的培养土需要长期保持湿润,因此,如果使用天然纤维绳裹缚苔玉球,绳子会很快降解。为避免这个问题,可直接使用合成纤维绳裹缚苔玉球。

浇水与施肥

栽种马蹄莲的苔玉球需一直保持湿润,因此一旦发现苔玉球表面开始变干了,就要为其补水。马蹄莲开花时,需定期施有机肥,并且每周浇 1 次水,保证每月都有一天会将苔玉球浸泡一整夜。在马蹄莲尚未开花时,可每 2 周或更久浇 1 次水,避免其叶柄过分生长而变得易折。

如果想让马蹄莲再次开花,就要在其休眠期小心照料它的块茎。在发现马蹄莲的叶子开始枯萎后,要逐渐减少浇水频率,等待其块茎完全干燥。将块茎放在室外保存至秋天,但要注意别让块茎被冻坏。等到新的生长期开始时,将马蹄莲的块茎移至室内,逐渐增加浇水量,直至马蹄莲重新长出叶子并开花,恢复过去的光彩。

多肉植物

Succulents and Cacti

生长环境与植物养护

一组在水池中吸水的多肉苔玉（P70）

清理仙人掌刺上的蜘蛛网（P71）

同属一科的植物，即使大多是灌木或草本植物，也总会有一两种属于多肉植物。多肉植物大致可分为两类：一类将水分贮存在叶子中；一类将水分储存在茎中。仙人掌科植物在多肉植物中是占比最大的，它们将水分贮存在茎中；其他多肉植物大多用肥厚的叶子储水，是植物界中的骆驼。

多肉植物非常适合种植在苔玉球中，因为苔玉球能保证良好的空气流通。如果苔玉球中的水分过多，多肉植物就极有可能烂根，因此，须在培养土中添加珍珠岩等成分加速排水，让植株根部不会长期泡在水中。大多数植物喜欢湿润的生长环境，而多肉植物则恰恰相反，它们偏爱较为干燥的环境。但也有一个例外，那就是来自雨林地带的仙人掌。当然，这并不是说这种仙人掌需要非常潮湿的生长环境，它们只不过能接受适当喷水罢了。

合适的家居环境

光照最好、温度最高的房间，或者说环境最像沙漠的房间，最适合种植多肉植物。如果发现多肉植物的茎长得很长，而它们莲座状的叶子也变得非常稀疏，这就意味着房间的光照不足。在这种情况下，多肉植物会认为自己正处于其他植物的阴影中，因此会努力向上生长，以期超越其顶部的遮盖物，获取更多阳光。此时，要把它们挪到光照更充足的地方去。

浇水方式

多肉植物苔玉每月浸泡1次即可。将苔玉放到水中，如果它像软木塞一样漂浮着，就意味着该浇水了；如果苔玉直沉水底，那么就无须浇水。但这个原则对原本生活在雨林地带的仙人掌来说并不适用。这种仙人掌对湿度有一定的要求，但由于它们生有气根，因此也不介意稍微干燥的环境。给雨林地带的仙人掌浇水时，可直接将苔玉置于水中，等苔玉球被完全浸透后沥干水分。注意，在水未沥干前，不要重新悬挂苔玉，否则水会四处滴溅。偶尔施肥即可，避免多肉植物过度生长。

制作多肉植物苔玉

在多肉植物中，仙人掌是初学者制作苔玉时最好的选择。它们对护理的要求非常低，即使被主人忽视了也可以独自生长得很好。仙人掌的根部就算被随意摆弄也不会出大问题，这为初学者提供了不少便利。如果你对制作的仙人掌苔玉并不满意，那么你可以重新制作，不必担心这样会损坏植株根部。初学者可以先从制作无刺仙人掌苔玉开始，在掌握技巧后，就能尝试用有刺的仙人掌制作苔玉了。

一株用干水苔包裹，并以麻绳裹缚的摩天柱属仙人掌苔玉（P72）

1.用一张纸将仙人掌有刺的部分包裹住，以免被划伤手指。将纸的头尾两端稍做固定，让仙人掌不会从纸中滑落。轻扯纸的末梢，将仙人掌从花盆中取出。

2.用水苔包裹仙人掌带土的根部。注意操作时不要被仙人掌的刺扎到。

3.与其他类型的苔玉不同的是，多肉植物苔玉制作完成后需完全晾干，而水苔会因此严重缩水。

4.为避免因水苔缩水而导致绳子脱落，在裹缚仙人掌苔玉时记得使用足量的绳子，并将其尽可能紧地缠绕在苔玉球上。

石莲花
Echeveria secunda

科别
景天科

光照
充足

浇水量
少量

生长速度
中速

宠物友好度
对宠物有轻微毒性

常见问题
浇水过量、烂根、介壳虫害

培养土配方
1/2 盆栽土
1/2 珍珠岩

挂在床头的各种月影苔玉（P76）
悬挂在后厨房的丝苇苔玉和花柳苔玉
（P77）

石莲花是当下最常见的室内多肉植物。它们对养护的要求不高，又有多种颜色和纹理，因此尤为受欢迎。石莲花的叶子非常容易受损，表面有一层蜡质，养护时要格外注意。大多数石莲花都会在室内环境下开花，它们会长出长长的茎，在茎的顶端开出大量精致又繁复的钟形花朵。

生长条件

石莲花喜欢光照充足的环境，在这样的环境中，它们的叶尖会带有一抹粉红色；在间接光照下，它们的叶子则会呈现出美丽的青绿色。

裹缚苔玉球时，一定要使用足量的绳子，确保苔玉球被捆得非常紧实。每次浇水后，需等苔玉完全干燥才能再次浇水，而苔玉中的水苔层也会在这个过程中逐渐缩水，因此，如果没有将苔玉球捆紧，绳子就有可能脱落或是变得松弛，从而影响美观。

浇水与施肥

夏季，石莲花苔玉每月需浸泡 1 次，浸泡之余可偶尔喷水；冬季可适当减少浸泡次数。不过，具体的浸泡时机还是取决于苔玉球的大小及室内的环境。如果石莲花的叶子开始起皱了，就意味着它需要补水了，此时，苔玉球会变得极轻。在不确定是否需要浇水时，选择不浇水为佳，因为过量浇水会让植物烂根。

石莲花苔玉可在春季施肥，但只可选用中等浓度的有机液肥。

花柳
Lepismium houlletianum

科别
仙人掌科

光照
适中

浇水量
适量

生长速度
快速

宠物友好度
友好

常见问题
晒伤

培养土配方
1/3 盆栽土
1/3 堆肥
1/3 珍珠岩

作为鳞苇属植物，花柳生长于热带雨林中，而不是沙漠里。它喜欢空气流通好的高处，因此非常适合制成挂式苔玉。花柳不需要太多光照也可以生长得很好，并且极易养护。它的叶状茎扁平，边缘的尖刺部位至尾端会开花。花柳非常适合挂在没有阳光直射的房间里，这可以让它避免被晒伤。但并不是说花柳能在全阴环境中生长，只不过与其他植物相比，它更能忍受相对阴暗的环境。

生长条件

花柳常生长于背阴处，或是有斑驳光影的环境中。它不能暴露于太阳直射下，否则茎会起皱，甚至会变红。野生花柳生长在雨林地带，因此它不喜欢过于干燥的环境，要经常喷水保证湿度。此外，太冷或太热的极端环境也都不利于它的生长。在不适宜的环境下，花柳会更容易受到病虫害的侵扰。

浇水与施肥

对花柳这种原本生长在雨林地带的仙人掌来说，不能等苔玉球干透后再浇水。春季和夏季是花柳的生长期，植株对湿度的要求很高，这期间可以频繁浸泡苔玉，并经常对植株喷水，以保证足够的湿度。但要注意，也不能因此就让苔玉球一直处于湿透的状态。花柳的茎又宽又扁，要不时冲洗，以去除积聚的灰尘。

生长期内，可施些高品质液肥。冬季需减少浇水量与施肥量，每次浸泡后，要等苔玉球稍微干燥后进行下一次浸泡。

龙爪
Rhipsalis cereuscula

科别
仙人掌科

光照
适中

浇水量
少量至适中

生长速度
中速

宠物友好度
友好

常见问题
晒伤

培养土配方
1/3 盆栽土
1/3 堆肥
1/3 珍珠岩

与花柳一样，龙爪也是一种生长在雨林地带的仙人掌，同样喜欢空气流通好的高处，因此是制作挂式苔玉的理想选择。龙爪对养护没有太高要求，但它长出来的小枝容易因擦碰而断裂，因此要小心处理。龙爪不需要挂在窗边，在光照较少的地方也能生长得很好。

生长条件

龙爪的叶状茎富含水分，这赋予了龙爪良好的耐旱性，但它依然是一种渴水的仙人掌，不能过度缺水。在野外，龙爪大多生长于雨林里其他植物斑驳的树荫下。如若生长在雨林边缘，它获得的光照会多一些，但总体来说，它对光照的需求并不高。倘若暴露在阳光直射下，龙爪的茎梢会变红，甚至会起皱。夏季，室外的阴凉处很适合龙爪的生长。若能将它挂在一棵大树上是最理想的，这能让它更加葱翠，甚至开出花来。

浇水与施肥

龙爪可以将水分储存于它的叶状茎中。虽然可以在干旱的环境中生存，但在生长期，龙爪仍然需要足够的水分输送给新生的嫩枝。新长出的枝芽就像婴儿的皮肤一样娇嫩，注意此时不要让它处于恶劣的环境中。

要定期对龙爪的叶状茎喷水，这能让它长得更好。冬季，每次浇水之后要等苔玉球稍稍干燥才可进行下一次。

可在龙爪的生长期给它添加高品质的有机液肥。浸泡时，可每隔 1 次将中等浓度的有机液肥添加到浸泡用的水中。

附生植物

Epiphytes

生长环境与植物养护

附生植物是指在自然环境下其根系附着在其他植物的枝干或岩石上生长的植物，它们利用气生根攀附在寄主上，并从周遭环境中汲取养分。虽然附生植物会附着在其他植物上，但它们不是寄生植物，不会掠夺寄主本身的营养和水分。

附生植物喜爱温暖潮湿的环境，制成苔玉后，可以偶尔浸泡，但浸泡时应尽量避免让它们的花朵上停有水珠。

种植在苔玉球中

了解了附生植物的非寄生性，你就会明白它们为何适合在苔玉球中生长。在苔玉球里，附生植物的气生根被包裹在潮湿的环境中，这让植株根部不会受到外界温度变化的侵扰。如此，附生植物会以为自己找到了梦寐以求的

生长场所，从而集中精力生长，以展示自己的魅力。只要苔玉球的湿度适中，你的附生植物就会成为最幸福的那株！

合适的家居环境

一般来说，附生植物生长于其他植物的树干或树枝上，有的也会在岩石的缝隙中生长。在野外，附生植物不会直接暴露于阳光下，因此明亮但没有阳光直射的房间是最理想的。客厅和花房通常设有多扇窗户，因而光线充足却没有阳光直射，是放置附生植物苔玉的完美地点。

浇水方式

不同于普通的陆生植物，附生植物是通过叶子来收集水分和养分的，因此，给它们浇水和施肥时，需兼顾植株的叶子与根部。在生长期和炎热的月份里，需每2天对植株叶面喷1次水，这会让附生植物对其根部所处环境感到

安心。如果苔玉球经常很干燥，那么它们就会拼命长根以探寻更好的生长地点，而不会花精力抽枝散叶和开花了。

浇水时，将苔玉竖直放入水中，让水没过球体的1/3，使其充分浸润。每月浸泡1次即可，每次不要太久，通常1个小时就够了。重新悬挂前，需将苔玉球中的水沥干。

浸泡在水盆中的空气凤梨苔玉（P84）

制作附生植物苔玉

大多附生植物的根部主要起攀附和固定的作用。兰花等附生植物的根外部有一层吸水层；另一些（如鹿角蕨）的根则会密集地盘绕在一起以收集水分，并将水分慢慢向叶子输送。空气凤梨是最极端的，它甚至不需要任何土壤，它的根部不吸收水分和养分，其生长所需全靠叶子供给。附生植物的养护诀窍在于为它们的根部提供一个舒适的环境——足够湿润但又没有积水，空气流通好，温度也适中。

接下来要展示的兰花苔玉制作方法对动手能力的要求较高。如果觉得困难，可以用"热带植物"中的方法来制作（详见 P39）。

兰花苔玉的培养土中需加入大量椰壳碎片，保证良好的空气流通。同时，在苔玉球外包裹一层椰壳纤维可以减少水分流失。

用椰壳纤维包裹在栽种了兰花的苔玉球外（P86）

1. 制作附生植物苔玉时，可在培养土中加入椰壳碎片，让苔玉球有良好的透气性及排水性。

2. 将水苔展开成圆盘状，把配好的培养土放在中间，再将一株兰花置于培养土上。轻轻将植株用培养土和水苔包裹起来，压紧并用绳子捆绑固定。

3. 用椰壳纤维包裹在水苔层外。椰壳纤维有助于让苔玉球内的空气保持湿润。

4. 用你喜欢的方式裹缚苔玉球。注意，绳子要绑得紧实，但又不会过分挤压球体。兰花的根可能会乱窜，有时甚至会长出苔玉球，这种情况下，让它们自由生长即可，无须过多干预。

美叶光萼荷（又称蜻蜓凤梨）
Aechmea fasciata

科别
凤梨科

光照
充足

浇水量
少量

生长速度
中速

宠物友好度
友好

常见问题
叶筒干枯后，叶筒内的残水变得污浊

培养土配方
1/3 椰壳碎片
1/3 椰糠
1/3 珍珠岩

大部分光萼荷属植物都是附生植物，它们生长在潮湿的热带地区，莲座状的叶片相互套叠成筒状，非常有利于储水。光萼荷属植物的每个叶丛中都会开出一朵花，花朵非常美丽，花期可持续数周甚至数月。一旦花谢，整个叶丛都会枯萎。此时，要用快刀把枯萎的叶丛自基部切下，给新芽留出生长空间。

生长条件

美叶光萼荷需要充足的阳光，如果离阳台太远，它就会只长叶不开花。美叶光萼荷喜欢温暖潮湿的环境。在培养土中添加椰壳碎片可以在保持土壤湿润的同时，又有充分的空气流通。

浇水与施肥

美叶光萼荷有根，但根部主要用来攀附树木或岩石。浇水时，要注意美叶光萼荷的叶筒。把整颗苔玉放在水池或水桶中，将水从上至下浇入叶筒中，可以多浇些水直至溢出，以此清洗叶筒。在自然环境中，光萼荷属植物通常在雨季才能得到这样的清洗。

要为美叶光萼荷定期施中等浓度的有机液肥。施肥时，将有机液肥轻轻倒在叶面上，使它慢慢流入叶筒，让液肥稍溢出，以便被苔玉球吸收。

文心兰
Oncidium flexuosum

科别
兰科

光照
适中

浇水量
少量至适中

生长速度
慢速

宠物友好度
友好

常见问题
浇水过量、浇水不足、施肥不足、霉菌感染

培养土配方
3/4 椰壳碎片
1/4 盆栽土

悬挂于卧室的齿文兰苔玉（P92）
木质楼梯下，沐浴在午后阳光中的齿舌兰苔玉（P93）

许多兰花都是杂交的。当一个品种的美丽外表，与另一个品种的葱郁色彩和芬芳气味相结合，便会得到一个更富魅力的品种。如有机会与植物专家或是当地的兰花培育者交流，你就有机会找到最适合自己的兰花。花市卖的兰花是探望病人时的佳品，但要真正体会到种植兰花的乐趣，则要进行深入的研究。

生长条件

兰花需要明亮的间接光照，在阳光直射下，它们娇嫩的枝叶很容易被灼伤。兰花来自热带雨林，通常生长在雨林中巨大树木的枝杈上，它们喜欢不定期的暴雨及长期高湿度的环境。兰花通过它灰色奇异的气根吸收水分，没有土壤也没关系，在野外，兰花通常会扎根于落叶或剥落的树皮等植物残体中。

制作兰花苔玉时，要通过苔玉球复制这种环境。兰花的根喜欢湿润又没有积水的狭小空间，其中还要有大量有机质让它们的根能慢慢探索。此外，保证苔玉球外部有充分的空气流通也非常重要。夏季，可经常打开窗户通风；天气渐凉后，可打开风扇并调到最低档，促进空气流通。

浇水与施肥

等苔玉球完全干透后再浇水。要注意的是，大量椰壳碎片让栽种了兰花的苔玉球内留有许多空隙，因此它不能像其他苔玉球一样吸收很多水分。每天早上可以对兰花的枝叶喷水，但不要让水珠留在枝叶上过夜。在花期，需使用兰花专用肥并按照包装说明对苔玉施肥。即使在休眠期，也不能忽略对植株的养护，此时，兰花正积极地为下次开花做准备。

鹿角蕨
Platycerium wallichii

科别
水龙骨科

光照
充足

浇水量
适量

生长速度
中速

宠物友好度
友好

常见问题
缺水

培养土配方
1/2 椰糠
1/2 切碎的水苔

被摆放在不同位置的大型鹿角蕨苔玉
（P95~97）

鹿角蕨非常适合制成挂式苔玉。它们通常长在高大的树上，因此喜爱被挂在空中，很享受由此带来的空气流通。鹿角蕨会从空气中吸收水分，它们的根主要用于攀附寄主。鹿角蕨上层叶子的表面有一层银色绒毛，叶子向外伸展，像是驼鹿的角一般。下层叶子生长于植株基部，呈盾牌状，部分用于攀附，部分用于为植株提供养分。下层叶子极易折断，因此需小心照看，尽量不要让苔玉掉落。如果叶子不慎折断，鹿角蕨会长出新叶子，但下层叶子的缺失会影响到上层叶子的生长。

生长条件

清晨的温和阳光或是整日的间接光照对鹿角蕨来说是最合适的。强烈的阳光直射会让叶子褪色。只要不缺水，鹿角蕨可以忍受相对高温的环境。鹿角蕨不能在低于13℃的环境中生长，低温会让它的叶子脱落。

浇水与施肥

鹿角蕨需要频繁喷水，如果室内温暖干燥，则要每日喷水。春夏两季浇水时，需将苔玉彻底浸湿，再等它几乎完全干透后才可进行下一次浸泡。在野外，鹿角蕨的下层叶片不仅可以攀附寄主，还会储存水和有机质，为植株提供养分。要复制这一自然现象，可以在浸泡的水中添加高品质有机液肥，每隔1次浸泡施1次肥即可。

空气凤梨
Tillandsia aeranthos

科别
凤梨科

光照
充足

浇水量
适量

生长速度
慢速

宠物友好度
友好

常见问题
叶子干枯

培养土配方
干水苔

空气凤梨是非常容易养护的植物。它们来自中南美洲的森林和雨林，是野外生存的高手。空气凤梨有根，但仅用来攀附树木和岩壁，不用于汲取水分。这种植物不需要种在土壤中，直接用干水苔包裹它们茎的基部就够了。空气凤梨只会通过叶子吸收水分，因此，要定期对它们的叶子喷水，保证足够的湿度。

生长条件

在野外，空气凤梨生长在雨林高处、林冠层之下。每天清晨，它们在从林冠层漏下的温柔阳光中"醒来"，一天大部分时间都沉浸在斑驳的光影里。森林中植物的蒸腾作用增加了空气的湿度，为空气凤梨提供了充足的水分。千万不要让空气凤梨暴露在阳光直射下，它们很快会被晒伤，这从它们叶子惨淡的颜色就能分辨出来。

浇水与施肥

空气凤梨的叶子中有储水细胞，浇水时需让这些细胞吸足水分。每天都要对空气凤梨喷水；同时，每周还要浸泡1次苔玉，1次10分钟。浸泡时，要让整株植物没入水中，或是直接用水把植株的叶子淋湿。每次浸泡后，要将苔玉倒置一会儿，让残水从叶筒中流出来，残水留在叶筒中容易使叶筒腐烂。

可每月施1次肥，以加速空气凤梨的生长并促使它们开花，但施肥时要遵循"少即是多"的原则，最好使用稀释过的有机液肥。施肥过量会造成肥害，反而会让空气凤梨死亡。

蕨类植物

Ferns

生长环境与植物养护

蕨类植物是观叶植物中的王者。它们不开花，也不结果，精力都用于长叶子了，全心全意地为城市增添一抹绿意。与多肉植物类似，许多不同科别的植物都可被称为蕨类植物，它们有着极其相似的生长习惯和生长环境，且大多枝叶青翠，姿态奇特，既可美化庭园，又可装饰家居。

种植在苔玉球中

蕨类植物喜潮湿，因此，很适合在它们的培养土中添加椰糠。椰糠是由提取椰壳纤维时产生的废渣制成的块状物，它能锁住水分，然后慢慢地将水分输送给植物，让培养土不会一直处于湿透的糟糕状态。此外，大部分蕨类植物的苔玉球外还需要包裹一层厚厚的苔藓，且以活体苔藓为佳。活体苔藓需要大量水分，蕨类植物也需要大量水分，如此天造地设的一对就这么诞生了！

合适的家居环境

蕨类植物大多生长于温暖潮湿的森林里，沐浴在从林冠层漏下的柔和阳光中，是森林植被中草本层的重要组成部分。大部分蕨类植物无法在阴暗的环境里生长，它们能适应明亮的光线，但也不喜欢太阳直射。你可以把它们悬挂在室内离窗户较远的地方。浴室也是个不错的选择，浴室的高湿度让蕨类植物可以忽略光照不足的问题。

浇水方式

喷水，喷水，还是喷水！如果你在苔玉球外包裹了一层活体苔藓，那么每天清晨都要对苔玉喷水，以满足植株和苔藓对水分的需求。最好使用蒸馏水，这可以避免水中的盐分对蕨类植物纤弱的叶子造成损伤。

一旦发现苔玉球开始变干了，则需及时浸泡。偶尔也要用水冲洗植株的叶子，以去除叶面积聚的灰尘。将苔玉放在水流下，轻轻地来回拨动植株叶片，注意动作一定要轻柔，因为铁线蕨等蕨类植物的茎极其脆弱易折。

每日喷水，让蕨类植物在苔玉球中快乐地生长（P103）

制作蕨类植物苔玉

蕨类植物喜欢生长在倒地腐朽了的树木之下或其表面，因此制作苔玉球时要尽量还原这种环境。蕨类植物的培养土中需要大量有机质和粗纤维，配置时，可以用椰壳碎片作为自然界中腐朽树木的替代品。椰壳碎片比一般的木材碎片更难分解，能为蕨类植物的根部创造潮湿的环境。如果苔玉球内培养土的质量很好，蕨类植物就能放心"安家"了，而不会再用根部四处探寻合适的"居所"。

除了蕨类植物外，苔藓也喜欢生长在树木的残体上。你可以从郊外的树林里采集一些活体苔藓包裹在蕨类植物的苔玉球外。如此，苔藓和蕨类植物就会像童话故事中的王子与公主一样，幸福地生活在一起。

一株用活体苔藓包裹着的骨碎补苔玉
（P104）

1. 将配置培养土所需的材料混合在一起，加水搅拌。

2. 水要足够多，让培养土可以轻易塑成球状，不会松散。

3. 用培养土包裹植株根部，呈球状。注意，苔玉球的大小会影响植株的大小。也就是说，将苔玉球做得越大，栽种其中的蕨类植物就会长得越大。

4. 将包裹了植株根部的土球放在苔藓层上。如果使用的是野生苔藓，注意将其翠绿、鲜活的一面朝下放置，再将土球置于其上，用苔藓层包裹住土球。最后，用合成纤维绳固定苔藓层。

楔叶铁线蕨
Adiantum raddianum

科别

铁线蕨科

光照

充足

浇水量

适量

生长速度

中速

宠物友好度

友好

常见问题

浇水不足，之后又过度浇水

培养土配方

3/5 椰糠

1/5 堆肥

1/5 珍珠岩

只要养护得当，楔叶铁线蕨就会以精致、柔软的绿叶回报你。这种植物生命力极其顽强，只要记得给它浇水，它就总能恢复生机。如果发现楔叶铁线蕨因缺水而出现叶子干枯的情况，不要马上浸泡苔玉。将枯萎的茎叶紧贴苔玉球剪掉，即使只剩一两枝鲜活的茎也没关系，这样楔叶铁线蕨就会把精力用于生长新芽。此时，植株没有足够的枝叶可以吸收水分，按常规浸泡苔玉很容易导致烂根。为了避免这种情况，只需每日对苔玉球上部少量喷水，等植株长出新芽后，再开始浸泡苔玉，但每次浸泡时间不宜过长。等楔叶铁线蕨长出足量枝叶后，可恢复常规养护。

生长条件

楔叶铁线蕨喜欢充足的光照，但不能承受阳光直射，否则枝叶会受损。它也可以在光照不足的环境中生长，但浇水量要随之减少，以降低植株新陈代谢的速度，避免烂根。楔叶铁线蕨的根部偏好湿润的空气，但不能一直浸泡在水中。寒冷又缺水的环境极不适合楔叶铁线蕨的生长。

通常，楔叶铁线蕨的嫩芽会附着于苔玉球抽枝生长，并最终用枝叶覆盖整个苔玉球。因此，只要有足够的耐心，你就会得到一个翠绿壮观的苔玉。

浇水与施肥

千万不要等苔玉球干透后再浇水，要经常少量浇水，保持土壤湿润；此外，还要不定期对叶子喷水或是冲洗。

定期施肥有助于楔叶铁线蕨发出新芽。夏季，每2周施1次中等浓度有机液肥；冬季则要减少施肥量。将1至2汤匙泻盐溶入4.5升（1.2加仑）水中，每6个月使用1次，可以为植株的叶子增色。

狐尾天门冬（又称非洲天门冬'迈氏'）

Asparagus densiflorus 'Myers'

科别

百合科

光照

充足

浇水量

大量

生长速度

中速到快速

宠物友好度

对宠物极具毒性

常见问题

叶片（叶状茎）脱落

培养土配方

2/5 堆肥

1/5 盆栽土

1/5 椰糠

1/5 椰壳碎片

悬挂在地下室的狐尾天门冬苔玉和骨碎补苔玉（P109）

艺术家阿曼达·菲茨西蒙斯的书房在骨碎补苔玉和波士顿蕨苔玉的装饰下充满生机（P110）

严格来说，狐尾天门冬不是蕨类植物，实际上，它是百合科的一员。不过，狐尾天门冬的外表和习性都与蕨类植物非常类似，因此我们将它放在蕨类植物这一章里介绍。

与其他植物不同，狐尾天门冬的生长不会因其根部的空间狭小而受限。苔玉球在一定程度上可以限制狐尾天门冬的疯狂生长，但只要有足够的水分和肥料，它依然会越长越大。如果它过度生长，甚至超出了苔玉球能供养的大小，那么苔玉球内的水分就无法满足它的需求了，它会很快枯萎死亡。因此，养护狐尾天门冬时，需要为它找到一个平衡点，让它既能保持翠绿茂盛的状态，又不会过度生长。要实现这个目标，在制作苔玉时，就得根据植株的大小制作体积合适的苔玉球，并尽量让植株一直保持这个大小。

生长条件

狐尾天门冬适合放在有间接光照且湿度高的浴室。这种植物对光照的要求不高，但光线太暗会让它变得茎叶稀疏，甚至光秃秃的；而强烈的阳光直射则会烤焦它的叶子。介于这两种之间的光照条件就都是合适的。狐尾天门冬的叶子状似松针，一旦生长环境异常，这些叶子就会脱落，并且会非常任性地掉落一地。

浇水与施肥

狐尾天门冬的叶子茂密又葱翠，需要大量水分，但浇水时要注意控制量，不能让它过度生长。另外，施肥时也需特别小心，养分过多也会让植株疯狂生长，要避免这种情况，可以按标准施肥量的半数为它施肥。

巢蕨（又称鸟巢蕨）
Asplenium nidus

科别
铁角蕨科

光照
适中

浇水量
适量

生长速度
中速

宠物友好度
友好

常见问题
浇水过量导致叶片腐烂

培养土配方
3/5 堆肥
1/5 椰壳碎片
1/5 椰糠

巢蕨的叶子颜色呈苹果绿，叶表光滑。叶子基部聚拢，而后向上散开，呈莲座状，制成苔玉后，整体形态极为美丽。巢蕨体形较大，宽大的叶子上容易聚积灰尘。清洁时，可以用湿毛巾轻拭叶面；也可以在浴缸或足够大的水盆中蓄水，将整个苔玉浸泡在水中，轻轻晃动植株叶片进行清洗。此外，直接用淋浴清洗叶面也是个不错的选择。不管用哪种方式，一定要保证水是温热的。

生长条件

野生巢蕨一般生长在热带雨林中树木的下方或枝干上。在室内养护时，要保证它有充足的间接光照，这能让它的叶子保持葱郁。可以把巢蕨苔玉悬挂在没有阳光直射的窗边，浴室或走廊的窗户旁就很合适。此外，要尽量避免让巢蕨处在寒冷又干燥的环境中，它可以在低温环境中生存，但生长速度会放缓。保证湿度是养护巢蕨的关键，最好不要将它放在长期开着除湿机或空调的房间内，这会让它变得极易缺水。

浇水与施肥

在生长期，巢蕨需要大量水分，因此要勤浇水，确保苔玉球不会过分干燥。经常喷水也非常重要，可以把喷水壶放在苔玉附近，这样每次经过时，都可以顺便给它喷一喷水。注意不要让水残留在巢蕨叶子的基部，如果有水在叶子上停留超过 24 小时，它的叶子就会开始腐烂。

生长期内，可每月施 1 次液肥；秋冬两季要减少施肥次数，每季度施肥 1 次即可。此外，冬季还要减少浇水量。蕨类植物在休眠期可以适应相对缺水的环境，但长期缺水仍然会对它们的生长产生不利影响。

骨碎补（又称兔脚蕨）
Davallia trichomanoides

科别
骨碎补科

光照
适中

浇水量
适量

生长速度
中速到快速

宠物友好度
友好

常见问题
无

培养土配方
3/5 堆肥
1/5 椰壳碎片
1/5 椰糠

骨碎补是一种非常有个性的植物，虽然它也被称为兔脚蕨，但它的根状茎长而横走，攀附在物体表面生长，更像大型蜘蛛的脚。被制成苔玉挂在空中时，骨碎补的茎会自然下垂，你可以任由它们垂落，也可以将它们缠绕在苔玉球上，如此，植株的根状茎就会向内生根，攀附在苔玉球上。栽种在苔玉球中的海州骨碎补会不断生出嫩叶，蓬松的叶子与根状茎一起向四处垂坠，让苔玉看上去生机勃勃。

生长条件

骨碎补喜欢湿度高且温暖的环境。在野外，它一般生长在树林中大型树木的根部附近。骨碎补非常喜爱腐殖质，因此可在培养土中添加富含有机质的堆肥或盆栽土。此外，这种植物的根部需要足够的水分，但又不能有积水。要保证这一点，可以在培养土中添加椰糠，椰糠能储存并缓慢地释放水分。

浇水与施肥

骨碎补苔玉需要定期浸泡，以保证土壤湿度，每次浸泡后需待苔玉球稍微干燥再进行下一次浸泡。为避免浇水过度，可在减少浸泡次数的同时，每日对植株的叶子喷水。建议将喷水壶放在苔玉旁边，这会让喷水变得更方便。

施肥时可选用中等浓度的有机液肥，例如海藻液肥。夏季可每月施 1 次肥；冬季则要减少施肥次数，以避免烧根。在骨碎补的生长期，可施一两次叶面肥，施肥时，直接将肥料倒入喷水壶内，与水混合后喷在植株叶子上即可。切记不可在冬季使用叶面肥。

乔木与灌木

Trees and Shrubs

生长环境与植物养护

树木通常种在室外，完全在自然条件下生长。若想在室内种树，就得在挑选栽培的品种时格外谨慎。如果你想要果树，那么每年果树开花的时候就得把它放到室外去，因为果树需要昆虫为它授粉。许多树会在冬天落叶，比如槭树，如果你想用一棵槭树装饰客厅，那么请做好思想准备，它的叶子可能会掉得到处都是，甚至整棵树都会变得光秃秃的。

种植在苔玉球中

因其根部的特性，树木被移植到苔玉球中后不会再长大很多。它们通常枝叶繁茂且蒸腾作用旺盛，对水分的需求极大，因此在制作苔玉时，要大量使用水苔，将苔玉球做得越大越好。此外，栽种树木的培养土以富含有机质的酸性土为佳。树木的生长主要靠吸收微生物作用下产生的微量营养素，没有微量营养素它们也可以存活，但极易受到病虫害的

侵扰，健康程度大打折扣。

合适的家居环境

树木大多对光照的要求很高，最好每天能得到几个小时的阳光直射。除非你栽种的品种喜阴，否则它就只适合放在家中最明亮的房间内养护。但不得不说，大多家居环境下的光照条件和房间高度都不适合大型树木生长。

浇水方式

将树木栽种在苔玉球中后，苔玉往往会因过于笨重而难以移动。浇水时，可以根据苔玉悬挂的高度找一个高度相近的椅子，其上放一个大型水桶，让苔玉球能够完全置于桶内。然后，向桶内倒水，使苔玉球浸泡其中。待植株吸饱水后，将椅子移走，把水桶留在苔玉下方接滴落的残水。可定期对植株喷水，以清洗堆积在叶子上的灰尘。此外，也要偶尔对整棵植株进行清洁，可以将

苔玉放在浴室，用温水为植株淋浴，或是把苔玉移到室外用水管冲洗。

夏季，可将高品质有机液肥添加到浸泡用的水中，每月施1次肥。冬季不用施肥。

在浸泡橄榄树苔玉的水桶中添加有机液肥（P119）

制作树木苔玉

树木苔玉对制作者的规划能力和动手能力都有极高的要求，初学者是很难独立完成的。

首先，找4根约2米长的绳子，将它们在中心位置打结系在一起。系好后，将绳子置于地上，并以结为中心向外四散展开。将一大片由椰壳纤维制成的垫子放在绳子上，其上铺一层浸湿了的水苔。把树苗从盆内移出，小心地为其松一松根，整个过程须非常小心，注意不要伤到新长出来的嫩根。最后裹缚苔玉球时，一定要使用合成纤维绳。

准备将一株红花槭制成苔玉（P120）

1. 将树苗放在铺好的水苔上，用培养土包裹其根部。然后另取一些水苔覆盖在土壤上。按压水苔，使其与土壤紧紧结合在一起。

2. 继续在土壤上添加水苔，直至其与铺在底层的水苔相连。在苔玉球上方覆盖一片或几片椰壳纤维垫，让上下两层垫子合起来时能完全包裹住苔玉球。

3. 从最底层的绳子中选取位置相对的两根系紧。这一步看似简单，实则不然。你需要用椰壳纤维垫将水苔、培养土和植物的根部紧紧地裹缚在一起。

4. 按照上一步的要求，将剩下的绳子两两一组系紧。如果绳子过长，可在苔玉球外多缠几圈。注意要将绳子均匀地缠绕在苔玉球外，并尽量系紧。最后，剪掉多余的绳子，并将绳子末端塞入苔玉球内。

鸡爪槭
Acer palmatum

科别
槭树科

光照
充足

浇水量
大量

生长速度
非常缓慢

宠物友好度
友好

常见问题
浇水过量、浇水不足

培养土配方
2/7 堆肥
4/7 椰糠
1/7 吸水珠

鸡爪槭在世界各地的花园中都有栽种，它的叶子形状别致且色彩独特，这让它显得十分与众不同。鸡爪槭在庇荫花园中较为常见，可供选择的品种也非常多，受到众多园艺爱好者的喜爱。

鸡爪槭养在室内时，能为家居环境带来意想不到的装饰效果。春季，鸡爪槭新生的嫩芽让整株植物看上去充满生机；夏季，它会为你献上层层叠叠的青翠绿叶，或是独特的紫色叶子；秋季，它的叶子会不断变换颜色，从橙色到粉色，最后再变成红色，整个过程分外迷人；冬季，它则会进入休眠状态，呈现出一种静谧优雅的美。

生长条件

树木一般生长在自然环境中，若要将它们栽种在室内，则要确保室内环境适合它们的生长。其中，光照条件是最需要注意的。夏季，鸡爪槭每天需要 6~8 小时的日照，因此，只有屋顶很高且配有两三扇窗户的房间，或是天花板透明、能保证充足阳光的阳光房，才适合放置鸡爪槭。当然，它也很乐意被放在开放式阳台上，或者悬挂于窗外，但要注意做好防冻措施。

浇水与施肥

春季，鸡爪槭会全力生长新叶子，此时它需要大量水分和养分。嫩叶长成后，鸡爪槭仍然需要大量水分，以填补蒸腾作用所带来的消耗。在自然环境中，鸡爪槭一般不会经历干旱，因此，不能让它太缺水，否则它的叶子会枯萎，并且不会重新生长出来。秋季，当鸡爪槭的叶子开始变色时，减少浇水量和施肥量。等它的叶子全部掉光后，它就不怎么需要养分和水分了，但此时也不能完全不浇水，只需适当减少浇水次数即可。

柠檬树
Citrus x limon

科别
芸香科

光照
充足

浇水量
适中到大量

生长速度
缓慢

宠物友好度
友好

常见问题
烂根，以及蒂腐病等病虫害

培养土配方
1/3 堆肥
1/9 椰糠
2/9 盆栽土
1/9 珍珠岩
1/9 吸水珠
1/9 有机缓释肥

一直以来，柠檬树都深受世界各地园艺爱好者的喜爱。虽然栽种柠檬树多为食其果实，但其植株本身的美也是不可忽视的。柠檬树的叶子呈深绿色，富有光泽又自带清香，四季常青的特性让它在任何季节都显得葱郁美丽。柠檬树非常适合栽种在苔玉球中，它不喜低温，根部偏好潮湿而又没有积水的环境，否则极易烂根。众所周知，柠檬树会结果实，因此须在花期将它放到室外，或者为它留一扇窗，以创造良好的授粉环境。如果你愿意，也可尝试为柠檬树人工授粉。

生长条件

柠檬树喜欢排水性好且含氮量高的微酸性土壤，因此，在配制培养土时须使用柑橘类植物专用堆肥和盆栽土。盆栽柠檬一般是嫁接而来的，制作苔玉球时，要确保其嫁接的部位裸露在空气中，以免植株得蒂腐病。可以在培养土中添加少量珍珠岩，这有助于土壤排水，从而大大减少植株因土壤积水而烂根的可能性。

将柠檬树吊在空中也能有效防止土壤积水，而且由此带来的空气流通，还能使苔玉球内的环境更加干净、清爽。

浇水与施肥

除了春季的生长期外，柠檬树在其他时间的需水量大致相同。每次浸泡前，需等苔玉球表面彻底干燥。柠檬的根部生长缓慢，因此最好在苔玉球外用合成纤维绳加固。

施肥时，须使用含氮量高的液肥，如海藻液肥等。如果缺少镁元素，柠檬树的叶子会变黄。要解决这一问题，可以偶尔在浸泡苔玉的水中添加一点镁盐。柠檬树结果时，需为其提供大量水分和养分，否则会导致果实发育不良、个头儿偏小。

铁丝网灌木
Corokia cotoneaster

科别
雪叶木科

光照
充足

浇水量
适中到大量

生长速度
缓慢

宠物友好度
友好

常见问题
浇水过量

培养土配方
2/7 堆肥
2/7 椰糠
2/7 盆栽土
1/7 珍珠岩

铁丝网灌木原产于新西兰，现广栽于北半球地区。在自然条件下，铁丝网灌木通常枝叶茂密、枝干粗壮，但在苔玉球中，它则会保持一种相对矮小的形态，美丽的树枝上长满深绿色的小叶片。铁丝网灌木非常适合用来装饰相对封闭的空间，它不会像大叶绿植一样让室内空间显得拥挤，反而会带来意想不到的精致感。制作苔玉时，最好挑选一株幼苗栽种，它的枝干会逐渐变得粗壮，但整株植物仍会保持娇小的体形。铁丝网灌木特别适合被挂在某个明亮的角落，或者光照充足的露台上，这样既能打造一个天然屏障，又不会过分遮挡阳光。此外，还可以把它挂在房间角落的窗边，从那相互交错的枝干间投下的光影会给室内添加意想不到的美感。铁丝网灌木是常绿灌木，虽然冬季不会变得光秃秃的，但一年四季都会有旧叶脱落和新叶生长。

生长条件

铁丝网灌木喜全日照，也稍耐阴，因此很适合放在光照条件良好的花房中养护。它也可以在半日照的室内环境中生长，但夏季，它还是更喜欢待在至少有 8 小时阳光直射的地方。温带地区夏、冬两季温差大的气候特征很适合铁丝网灌木的生长，如果冬夏温差不大，它便会困惑于该何时开花。因此，最好在每年仲夏和仲冬，将铁丝网灌木苔玉放置在室外 4 周左右，但冬季要注意防冻。

浇水与施肥

虽然铁丝网灌木的叶片极小，但当它枝叶繁茂时，它对水分的需求也很大。夏季，可等苔玉球表面干燥后再浸泡；冬季，植株的叶子数量逐渐变少，需水量也随之减少，此时可等苔玉球干透后再进行浸泡。

铁丝网灌木的根部生长缓慢，因此最好用合成纤维绳在外部加固苔玉球。

油橄榄（又称木犀榄）

Olea europaea

科别

木犀科

光线

全日照

浇水量

适中到大量

生长速度

缓慢

宠物友好度

友好

常见问题

在室内难结果实

培养土配方

1/4 堆肥

1/8 椰糠

3/8 盆栽土

1/8 吸水珠

1/8 缓释有机液肥

全世界约有 30 种橄榄树，其中最为常见的非油橄榄莫属。目前，对油橄榄原产地在哪尚无确切的定论，但它的果实自古就是地中海地区人们常吃的食物之一。油橄榄的叶片呈革质，上面为深绿色，下面被银灰色的鳞片覆盖，呈现出一种浅绿偏灰的颜色；而其灰褐色的枝干，更是将整株植物朴素低调的质感推向极致，这些都让油橄榄成为装饰浅色空间的不二之选。裹缚油橄榄苔玉时，可使用浅棕色的绳子或透明的尼龙鱼线，以免破坏它温和、朦胧的美感。

生长条件

油橄榄非常容易养活，它生长缓慢，生长习性良好，既可以在贫瘠的土壤中生长，也不排斥肥沃的土壤。

在室内种植油橄榄的最大难点在于如何让它结出果实。油橄榄结果必须经历寒冬酷暑，因此，冬季可将油橄榄在室外放置几周，冬季的低温会促使它开花，但要注意做好防冻措施。想要让油橄榄的果实成熟，就得保证它每天能得到至少 8 小时的阳光直射。但由于种植于室内的油橄榄一般体形较小，一棵树能结出的果实数量非常有限，因此这或许并不值得你大费周章。无论怎样，油橄榄作为观叶植物就已经足够迷人了。

浇水与施肥

每次浸泡后，要等苔玉球几乎干透方可再次浸泡。注意不要过度浇水，油橄榄喜欢在干旱、贫瘠的土地上生长，浇水过多只会导致烂根。

此外，油橄榄每季度只需少量肥料就可健康地生长。施肥时，可将中等浓度的有机液肥添加到浸泡用的水中，每季度施 1 次肥即可。

香草植物

Herbs

生长环境与植物养护

香草植物的种类非常庞杂，其中不乏适合栽种在苔玉球中的品种，本章稍后将会对几种可烹饪的灌木状香草植物进行详细讲解。

选择香草植物时，要尤其注意它们对光照和水分的需求，如罗勒等香草就非常不适合制成苔玉。那些拥有木质茎的多年生香草植物是非常不错的选择，其观赏期通常有好几个星期。生长速度过快的香草植物往往对养护的要求极高，不适合制成苔玉。

大型香草苔玉往往非常笨重，难以经常浸泡。这种情况下，可以直接用水壶从上往下为苔玉浇水（P132）

香草植物对光照的要求很高，如果室内光照不够，就要将苔玉移到室外光照充足的地方养护（P133）

种植在苔玉球中

很多香草都可以用于烹饪，如果你想有所收获，就得为它们提供必要的照料。这类植物需要充足的光照和有机肥。要记住，施肥量很大程度上决定了以后收获的多少，因此，如果想将自己种的香草用于烹饪，那么就要对它们格外关照，以免它们营养不良。可以将高品质有机肥兑水稀释成中等浓度的有机液肥，定期为植株施加，注意要遵守薄肥勤施的原则。

合适的家居环境

理想条件下，要保证香草植物每天能得到 8 小时的日照。阳光会促进香草植物的生长，而缺少太阳照射则会让它们变得瘦弱。如果厨房有窗户，可以将苔玉挂在厨房的窗外，这样既易于照料又便于采摘。如果厨房的条件不理想，也可以将苔玉挂在院子、阳台，或是日照最强的房檐下。若是想将香草苔玉放在室内养护，那么只能将它挂在朝阳的窗边，或是置于屋顶透明的阳光房内。

浇水方式

为香草苔玉浇水时，不用将苔玉取下来置于桶中浸泡，可以直接将水从上往下倒入苔玉球中，直至苔玉球开始滴水。浇水要勤，以免植株根部干死。一般来说，一旦香草植物的根部缺水，它就会认为自己正在经历干旱，从而迅速开花、死亡。能越冬的多年生香草植物耐旱性相对较强，不会有如此戏剧性的反应，但多浇水仍是有益无害的。

制作香草花园苔玉

香草花园苔玉是指将3种香草组合在一起栽种到苔玉球中，从而让每个苔玉都成为一个小型香草花园。以苔玉打造香草花园的关键在于挑选出能和谐相处的香草植物。最简单的办法是选择同一科别下3种习性相似的香草，它们对生长环境的要求大体一致，这为以后的养护提供了便利。许多香草都有多种不同的美丽变种，比如斑叶牛至，这些变种会带来别样的视觉效果，很适合栽种在苔玉球中。此外，你也可以咨询当地的植物专家，他们会告诉你哪些香草既能适应当地的环境，又能完美搭配在一起。

那么，该如何开始呢？

首先，将选取的香草植物从花盆中取出，为它们松松土。用绳子轻轻地将3种植物的根部紧实地绑成一个整体。注意不要将绳子系得过紧，以免损伤植株的幼根。香草植物的幼根很娇嫩，如果处理不当很容易受损。

接下来，就可以按照之前讲过的苔玉裹缚方法进行操作了。此时，将已经绑在一起的3种香草当作一株操作即可。

由于香草苔玉承担了提供食材的重任，它们的苔玉球必然会比普通的要大得多。因此，在制作苔玉时要使用更多培养土，以保证植株能从土壤中获得足够的养分。

3种植物栽种在一起必然会相互争抢水分和养分，考虑到这一点，在制作苔玉时通常会在香草的叶子和苔玉间留出一些空间，以为以后浇水和施肥提供便利。

可以在培养土外部覆盖一层厚厚的水苔，这能减少土壤中的水分蒸发。如果所处环境极其干燥，还可以在苔玉球外再加一层椰壳纤维。

将3种香草从花盆中取出，绑在一起（P134 上图）

按上图操作后，可将3种香草视为一株植物进行后续操作（P134 下图）

用百里香、马郁兰和斑叶牛至制成的香草花园苔玉（P135）

牛至
Origanum vulgare

科别
唇形科

光照
充足

浇水量
适中

生长速度
中速

宠物友好度
友好

常见问题
营养不良

培养土配方
1/6 堆肥
1/3 盆栽土
1/3 椰糠
1/6 珍珠岩

牛至是薄荷家族的一员，喜欢炎热、光照条件好的生长环境。牛至的茎直立或近基部伏地，被栽种到苔玉中后，其茎叶会沿着苔玉球的曲线生长，或蜿蜒而行或自然垂坠，极为迷人。牛至不介意偶尔缺水，它特别讨厌根部湿漉漉的。厨房阳光明媚的窗前很适合悬挂牛至苔玉，这让你可以在烹饪时轻松采摘它的叶子添加到食物中。

生长条件

全日照的条件非常适合牛至的生长。它不喜欢过于富饶的土壤，这也是要在它的培养土中加入椰糠的原因。此外，牛至的根部不能有积水，因此要在培养土中添加珍珠岩，珍珠岩能很好地帮助土壤排水，避免植株根部因水分残留而腐烂。

浇水与施肥

牛至的耗水量并不是很大，因此不需要频繁地浸泡苔玉，只要每日清晨为它喷点水就够了。一般来说，当你用手触摸苔玉球，感觉其表面有些干燥时，就可以浸泡苔玉为其补水了。冬季，两次浸泡的间隔时间要再长一些。春季，要用高品质的中等浓度有机液肥为植株施肥，每2周1次，这样可以让它保持葱郁。冬季不要施肥。

迷迭香
Rosmarinus officinalis

科别
唇形科

光照
充足

浇水量
适中

生长速度
中速

宠物友好度
友好

常见问题
营养不良

培养土配方
3/8 堆肥
1/4 盆栽土
1/4 椰糠
1/8 珍珠岩

迷迭香就像是森林里的仙子。它的幼枝密布白色星状细绒毛；木质茎的表面有不规则的纵裂，可以摆出各种奇异的造型而不会受损。深绿色的小叶子多为丛生，叶片呈线形。迷迭香经历了冬季严寒后，便会在春季用数不尽的小花装饰它的枝干。白色、粉色、蓝色，如果能让它在室内开花，那么你将会收获一片逞娇呈美的景象。为此，可以在冬季将迷迭香放到室外几周，这有助于它在春季开花。

生长条件

迷迭香喜欢全日照的生长环境，厨房阳光明媚的窗前就非常理想。它比一般的香草植物更耐寒，想让它开花，就必须在冬季为它作低温处理，但也要注意不让它冻伤。因此，冬天将迷迭香短暂放在室外时，可以把它挂在有所遮挡的高处，例如屋檐下。

浇水与施肥

夏季，迷迭香喜欢潮湿的土壤，因此，通过触摸感到苔玉球表面有些干燥时，就可以为苔玉浇水了。冬季，须等苔玉球几乎彻底干透后才能浇水。春季，迷迭香对养料的需求较大，要每 2 周用中等浓度有机液肥为植株施 1 次肥。冬季不要施肥。

百里香
Thymus mongolicus

科别
唇形科

光照
充足

浇水量
适中

生长速度
中速

宠物友好度
友好

常见问题
营养不良

培养土配方
1/6 堆肥
1/3 盆栽土
1/3 椰糠
1/6 珍珠岩

百里香是常绿灌木，它的茎通常匍匐生长，叶子为灰绿色，香味浓郁。与牛至一样，百里香也是薄荷家族的一员，它原生于地中海地区，因此可以接受偶尔干旱的环境。因为同属一个家族，百里香可以与牛至种植在一个苔玉球中，不仅如此，它们还可以作为配菜一起加到菜肴中，为菜品增加风味。

生长条件

与牛至一样，百里香在有充足光照的环境中会生长得更好。它喜欢排水性好的土壤，因此可以在培养土中添加珍珠岩帮助排水。此外，土壤中的有机质含量不宜太多，但也不可过于贫瘠，在培养土中添加一些堆肥就可以满足它对养分的需求。

浇水与施肥

百里香原生于地中海地区干旱的土地上，因此不喜欢根部有积水。浇水时要尤其注意这一点，土壤中的水分过多会导致烂根。可以在清晨为百里香喷水，让它以为自己浸润在露水中。一般来说，当你用手触摸苔玉球，感到其表面有些干燥时，就可以浸泡苔玉了。冬季，百里香的生长速度会放缓，此时，须等苔玉球稍微干透后再进行浸泡。春季，要使用高品质的中等浓度有机液肥为植株施肥，每2周1次，这能让百里香保持繁茂。

名词定义

赤玉土：原产于日本的黏土颗粒，常用于制作传统苔玉。

无盆盆栽：苔玉的前身，通过无盆栽培的形式培育植物，以暴露植物的根部为美。

苔玉：一种用培养土、苔藓和绳子制成球形花器来培育植物的栽培艺术。

裹缚造型：用不同的绳子和缠绕方式为苔玉造型。

归化期：本书中讲到的植物归化期是指苔玉球外部逐渐被苔藓覆盖，而植株的根也在苔玉球内部不断生长，并逐渐能以自己的力量抓住土壤，进而让苔玉球保有其应有形态的阶段。

蒸腾作用：水分从植物叶面蒸发出来，以水蒸气的形态散失到大气中的过程。

附生植物：一般生于热带雨林中，大多利用气生根攀附在其他植物的枝干或岩石上生长。

致谢

我要向拉妮·尼科尔森致以最大的谢意。你是一个令人惊叹、极富天赋的人。你对这个世界饱含爱意又充满耐心，哪怕在大家都束手无策之时也总能保持冷静。我非常荣幸能与你合作，这么长时间以来，我被你的才华深深折服，没有你，就不会有这本书。

海莉·阿什比，感谢你。因为你，我才会取得如此成绩。从最初你在集市上邀请我共享摊位起，你就一直帮助我。一路走来，你鼓励我、支持我，与我一起庆祝每一次收获。真希望我能有更合适的方式向你表达自己的感激，与你对我的帮助相比，这些话语都显得苍白无力。

亚当，谢谢你耐心地包容我的一切情绪——那些深夜里的焦虑、那些痛苦与崩溃。感谢你为我检查拼写错误，感谢你的质疑。

你就是我的一切，谢谢你让我可以做自己。

感谢我的母亲，海伦。谢谢你在花房照料那些植物，为它们浇水。谢谢你在我小时候让我与你一起做园艺，谢谢你那时没有阻止我的好奇心，而是让小小的我自由地在花园里探索。

感谢我的父亲，大卫。我知道有时自己疯狂的想法让你有些为难，但即使如此，你还是一如既往地支持我。感谢你包容我那些灵光一现的主意，那些最后一刻又改变的想法，那些反反复复出现的念头。感谢你理解我的付出，并且不强迫我做任何改变。

费莉西蒂·米切尔，你是如此才华横溢和美丽。我希望能像你一样可以毫不费力地展现出优雅，并将生活安排得井井有条。谢谢你对文章品质的坚持，是你让我超越了自我。你的热情让我回归正轨，完成了在当时看来不可能完成的挑战。

克丽丝塔·普劳斯，你展现了何谓完美设计的顶峰。任何语言都不足以表达我对你创意的感激之情。你指导我设计制作了一个简洁又大方的作品。如果没有你细心不懈的编辑工作，这本书就不会是现在这个样子。谢谢你一直相信我、支持我。

丹妮丝·摩尔，谢谢你每次都无条件地帮我们照看孩子们。我知道你的生活也同样繁忙，我发自内心地感谢你，谢谢你在我需要时，为我保证了创作的空间。

特蕾泽·沃利，你是最优秀的手模，你各方面都非常好，也是这个世上最好的助理。

娜丁·托马斯，我无法想象自己如何能让你在这么多年后仍

然愿意为我的书打造那些作品。对我来说，你就是个传奇。

艾纽克·崔泰格，谢谢你同意我们以你的家为背景进行创作。

海莉·弗朗西，谢谢你允许我们借用你美丽的家。

菲茨西蒙斯一家，谢谢你们容忍我们把苔藓摆弄得到处都是，谢谢你们美味的奶昔。

阿曼达·菲茨西蒙斯，你的艺术作品令人惊叹！

迪昂和艾琳，感谢你们让我们进入庞森比保存最好的 70 年代建筑。

莉安娜·马特尔，你是我见过最美好的人。谢谢你理解我在经营一家公司的同时进行写作是多么有挑战性的一项尝试。